T0193308

essentials

essentials liefern aktuelles Wissen in konzentrierter Form. Die Essenz dessen, worauf es als „State-of-the-Art" in der gegenwärtigen Fachdiskussion oder in der Praxis ankommt. *essentials* informieren schnell, unkompliziert und verständlich

- als Einführung in ein aktuelles Thema aus Ihrem Fachgebiet
- als Einstieg in ein für Sie noch unbekanntes Themenfeld
- als Einblick, um zum Thema mitreden zu können

Die Bücher in elektronischer und gedruckter Form bringen das Fachwissen von Springerautor*innen kompakt zur Darstellung. Sie sind besonders für die Nutzung als eBook auf Tablet-PCs, eBook-Readern und Smartphones geeignet. *essentials* sind Wissensbausteine aus den Wirtschafts-, Sozial- und Geisteswissenschaften, aus Technik und Naturwissenschaften sowie aus Medizin, Psychologie und Gesundheitsberufen. Von renommierten Autor*innen aller Springer-Verlagsmarken.

Joachim Schlegel · Till Schneiders

Warmarbeitsstahl

Ein Stahlporträt

Joachim Schlegel
Hartmannsdorf, Sachsen, Deutschland

Till Schneiders
Herne, Deutschland

ISSN 2197-6708 ISSN 2197-6716 (electronic)
essentials
ISBN 978-3-658-39540-7 ISBN 978-3-658-39541-4 (eBook)
https://doi.org/10.1007/978-3-658-39541-4

Die Deutsche Nationalbibliothek verzeichnet diese Publikation in der Deutschen Nationalbibliografie; detaillierte bibliografische Daten sind im Internet über http://dnb.d-nb.de abrufbar.

Planung/Lektorat: Frieder Kumm
Springer Vieweg ist ein Imprint der eingetragenen Gesellschaft Springer Fachmedien Wiesbaden GmbH und ist ein Teil von Springer Nature.
Die Anschrift der Gesellschaft ist: Abraham-Lincoln-Str. 46, 65189 Wiesbaden, Germany

Was Sie in diesem *essential* finden können

Warmarbeitsstähle:

- Zur Geschichte
- Bezeichnungen, chemische Zusammensetzungen und Sorten
- Gefüge und Eigenschaften
- Herstellung incl. Wärme- und Oberflächenbehandlungen
- Anwendungen
- Werkstoffdaten

Vorwort

Stahl ist unverzichtbar, wiederverwertbar und hat eine ganz besondere Bedeutung: In unserer modernen Industriegesellschaft ist Stahl der Basiswerkstoff für alle wichtigen Industriebereiche und auch die globalen Megathemen von heute, wie Klimawandel, Mobilität und Gesundheitswesen, sind ohne Stahl nicht lös- bzw. nicht beherrschbar.

Beeindruckend ist die schon über 5000 Jahre währende Geschichte des Eisens und der Stahlerzeugung. Die Welt des Stahls ist inzwischen erstaunlich vielfältig und so komplex, dass sie in der Praxis nicht leicht zu überblicken ist (Schlegel, 2021). In Form von *essentials* zu Porträts von ausgewählten Stählen und Stahlgruppen soll dem Leser diese Welt des Stahls nähergebracht werden; kompakt, verständlich, informativ, strukturiert mit Beispielen aus der Praxis und geeignet zum Nachschlagen.

Das vorliegende *essential* beschreibt die **Warmarbeitsstähle,** eine Gruppe der für Werkzeuge geeigneten, legierten Stähle mit hoher Warmfestigkeit. Diese können im Einsatz Oberflächentemperaturen bis über 600 °C aushalten. Hierfür werden sie optimal an die unterschiedlichsten Anforderungen insbesondere für Werkzeuge der Warmumformung und des Druckgießens angepasst. Wichtig sind die chemischen Zusammensetzungen, Verfahren der Herstellung und Bearbeitung sowie deren Eigenschaften bzw. die Werkstoffdaten der Warmarbeitsstähle, die in diesem *essential* kurz gefasst und übersichtlich vorgestellt werden.

Für die Motivation, Betreuung und Unterstützung danken wir Herrn Frieder Kumm M.A., Senior Editor vom Lektorat Bauwesen des Verlages Springer Vieweg. Und Herrn Dr.-Ing. Christian Schlegel danken wir für seine Hilfe beim Korrekturlesen.

Hartmannsdorf, Deutschland — Dr.-Ing. Joachim Schlegel
Witten, Deutschland — Dr.-Ing. Till Schneiders

Inhaltsverzeichnis

Grundlagen 1

1.1 Was ist ein Warmarbeitsstahl?

Ein Warmarbeitsstahl ist ein legierter Werkzeugstahl, der, wie der Name es schon ausdrückt, für ein „warmes Arbeiten“ geeignet ist.

Warmarbeitsstähle werden für Werkzeuge zur spanlosen Formgebung von Metallen bei Oberflächentemperaturen des Werkzeugs oberhalb von 200 °C eingesetzt (DIN EN ISO 4957). Die Werkstücktemperaturen können dabei zwischen 400 und 1200 °C liegen. Hauptanwendungsgebiete sind Druckgießformen, Strangpressmatrizen und Schmiedewerkzeuge. Der Warmarbeitsstahl widersteht dabei komplexen mechanischen, thermischen, chemischen und tribologischen Beanspruchungen. Aufgrund dieser unterschiedlichen Belastungen werden die Warmarbeitsstähle in drei Gruppen unterteilt. Die erste Gruppe umfasst die martensitischen Stähle mit geringer Sekundärhärte. Einen höheren Legierungsgehalt und eine ausgeprägte Sekundärhärte weisen die Stähle der zweiten Gruppe auf. Bei langer Kontaktdauer und gleichzeitig hoher Werkstücktemperatur wie z. B. beim Strangpressen von Schwermetallen werden die warmfesten und zunderbeständigen austenitischen Stähle der dritten Gruppe genutzt.

1.2 Zur Geschichte

Interessantes aus der Geschichte der Warmarbeitsstähle ist stets in Verbindung mit der historischen Entwicklung der Stähle allgemein sowie der Fertigungstechnik mit deren wachsenden Anforderungen zu sehen. Auch die erlangte Kenntnis über

J. Schlegel und T. Schneiders, *Warmarbeitsstahl*, essentials,
https://doi.org/10.1007/978-3-658-39541-4_1

die Wirksamkeit von Legierungselementen insbesondere hinsichtlich der Warmbeständigkeit spielt eine große Rolle; ebenso das Härteverfahren als wichtiger Prozess bei der Fertigung von Werkzeugen aus Warmarbeitsstählen.

Bis etwa 1900 nutzte man unlegierte Kohlenstoffstähle für Werkzeuge. Legierte Werkzeugstähle mit deutlich besseren Verschleißeigenschaften gab es noch nicht. Die unlegierten Stähle waren schon aufgehärtet, verloren aber bei höheren Temperaturen um 200 °C ihre Härte und verschlissen recht schnell. Das so wichtige Härteverfahren nutzten schon lange die Schmiede in China und Japan. So wurden bereits um 900 v. Chr. gehärtete japanische Schwerter berühmt, geschmiedet aus weichem und hartem Eisen, also aus Eisen mit geringem und mit hohem Kohlenstoffgehalt. Auch im Irak, in Zypern, in Ägypten, in Persien und in Griechenland, bei den Hethitern und Etruskern sowie bei vielen weiteren Völkern war Eisen bekannt und wurde für Waffen und Gebrauchsgegenstände genutzt (Johannsen, 1953). Um 800 bis 700 v. Chr. begann die Eisenzeit in Europa, eine Zeit, in der das Eisen noch in Erdmuldenöfen aus Erz reduziert wurde (https://de.wikipedia.org/wiki/Eisenzeit). Später kamen die Schachtöfen, die Stücköfen, dann die Floßöfen und schließlich die Hochöfen zum Einsatz. Dies dauerte jedoch über 2000 Jahre.

Einer der vielen Meilensteine, insbesondere auch für Werkzeugstähle, war der um 1740 von *Benjamin Huntsman* (1704–1776) entwickelte Tiegelstahl-Prozess. Es konnte ein hochwertiger, sehr homogener Stahl vor allem hinsichtlich der Kohlenstoffverteilung erzeugt werden mit gleichmäßigeren Eigenschaften (Spur, 1991).

Bis zum Nachweis der Wirkung des Kohlenstoffs im Stahl um 1816 waren auch schon die weiteren, später so wichtigen metallischen Legierungselemente für Warmarbeitsstähle entdeckt, wie 1735 das Kobalt (Co), 1751 das Nickel (Ni), 1783 das Wolfram (W), 1781 das Molybdän (Mo), 1791 das Titan (Ti) und 1801 das Vanadium (V). Schließlich gelang um 1854 *Robert Wilhelm Bunsen* (1811–1899) die Darstellung von reinem Chrom. Etwa ab 1850 begann die Erforschung der Wirkung von Wolfram, Chrom und Molybdän (Karbidbildner) sowie von weiteren Legierungselementen im Stahl. So erfand beispielsweise der britische Metallurge *Robert Mushet* (1811–1891) einen verbesserten Werkzeugstahl mit 5 %-Wolframgehalt, 1861 zum Patent angemeldet (Ernst, 2009). Und mit einem speziell gehärteten, hochlegierten Chrom-Wolfram-Stahl gelang ein bahnbrechender Erfolg in der Metallbearbeitung. Es war die Erfindung des „Wunderdrehstahls", den *Frederick Winslow Taylor* (1856–1915) 1900 auf der Weltausstellung in Paris als „**H**igh **S**peed **S**teel" (**HSS,** Schnellarbeitsstahl) vorgestellt hat (Trent & Wright, 2000), (Ernst, 2009). Bis knapp unter 600 °C behält er seine Härte und funktioniert selbst rotglühend noch als Werkzeugstahl.

Bald setzte die systematische Entwicklung von Werkzeugstählen ein. Auch die Anlagentechnik zur Stahlherstellung wurde verbessert und die Forschung zu neuen Verfahren der Stahlerzeugung forciert. So kam um 1903 in England der erste vanadiumhaltige Stahl auf den Markt (Bauer, 2000). 1904 beginnt die Elektrostahlerzeugung, ab 1912 die Epoche der nichtrostenden Stähle, ab 1928 die Nutzung des Vakuumschmelzverfahrens sowie ab 1930 das Elektro-Schlacke-Umschmelzen von Stahl. Ab 1940 wird im Werkzeugstahl Molybdän zunehmend als Legierungselement statt Wolfram verwendet. Seit den 1960er Jahren sind industriell pulvermetallurgisch erzeugte Werkzeugstähle bekannt, wobei Warmarbeitsstähle erst seit den 1980er Jahren auf diese Weise erzeugt werden (Bayer & Seilstorfer, 1984). Und seit dieser Zeit erfolgen zur Verbesserung der Verschleißbeständigkeit von Umform-, Schneid- und Druckgießwerkzeugen auch Oberflächenbehandlungen und Beschichtungen.

Die in den letzten Jahrzehnten zur weiteren Steigerung der Leistungsfähigkeit der Warmarbeitsstähle erfolgten Fortschritte lassen sich unterteilen in die Entwicklung neuer bzw. die Variation bestehender Legierungen und in die Weiterentwicklung der Herstelltechnologien. Hierzu gehören die Stahlerzeugung in Elektrolichtbogenöfen, die verbesserten Verfahren der sekundärmetallurgischen Behandlung in Pfannenöfen, in Vakuumentgasungsanlagen oder in AOD-Konvertern (Entkohlen mit Argon-Sauerstoff-Gemisch) sowie die Umschmelzverfahren (ESU – Elektroschlacke-Umschmelzen, VLBO – Umschmelzen im Vakuum-Lichtbogenofen) zur Erzielung einer sehr hohen Reinheit des Warmarbeitsstahls. Auch die Verminderung der Restgehalte an Sauerstoff und Schwefel sowie die gezielte Beeinflussung nichtmetallischer Einschlüsse hinsichtlich Mengen, Größen und chemischer Zusammensetzung durch eine gezielte Kalziumbehandlung in der Pfannenmetallurgie sichern heute den hohen Standard der Stahlreinheit (Meyer et al., 1995), (Huemer, 2005). Schließlich sind für die Einstellung der gewünschten Stahleigenschaften neben der chemischen Zusammensetzung und der metallurgischen Erzeugung sowie Verarbeitung (Umformung) auch die Wärmebehandlungen wichtig (Liedtke, 2005), siehe hierzu Abschn. 4.3: *Wärmebehandlung*. Betrachtet man all diese weiterentwickelten Technologien, so werden die mit ihnen in den letzten 60 Jahren erzielten Fortschritte zum Beispiel an der Steigerung der Zähigkeit der Warmarbeitsstähle deutlich, einhergehend mit zunehmender Reinheit durch Umschmelzen (Ehrhardt, 2008). Und die Zähigkeit (ermittelt zum Beispiel mittels Schlagbiegeversuch) gibt neben der Duktilität und der Härte auch eine Orientierung für die Standzeit von Umform- und Druckgusswerkzeugen, denn sie hilft, Warm- bzw. Spannungsrisse zu vermeiden bzw. den Verlauf von thermischer Ermüdung zu verzögern. Die Abb. 1.1 zeigt hierzu diesen Trend seit 1960 mit Hinweisen auf die genutzten Technologien.

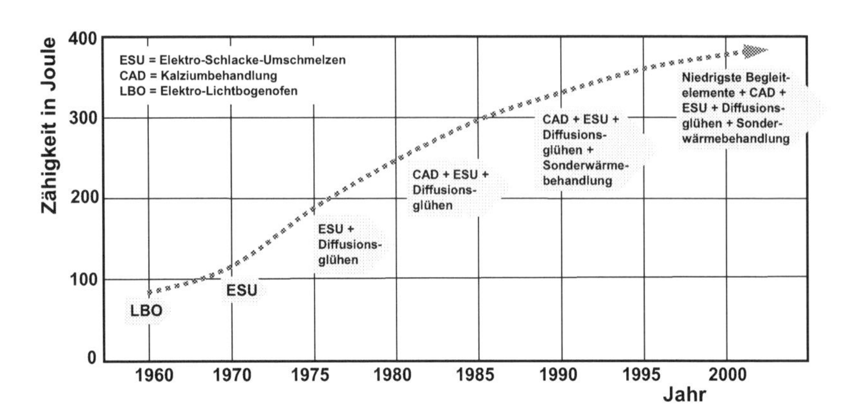

Abb. 1.1 Auswirkungen der Herstelltechnologien auf die Zähigkeit von Warmarbeitsstahl – Trend seit 1960, nach (Ehrhardt, 2008)

Das heute so große Interesse an Warmarbeitsstählen und ihre Bedeutung lässt sich an den seit 1987 stattfindenden internationalen Werkzeugstahl-Konferenzen ablesen, bei denen diese Stähle stets einen wichtigen Themenschwerpunkt bildeten (Schneiders, 2005). Und für die Zukunft bietet der Warmarbeitsstahl viel Potenzial und Anwendungsmöglichkeiten in vielen Branchen (siehe Kap. 5: *Anwendungen*), gefordert auch von innovativen Anwendungen wie z. B. vom Presshärten.

1.3 Einordnung im Bereich der Werkzeugstähle

Werkzeugstähle sind nach DIN EN ISO 4957 Edelstähle, die der Verarbeitung (Umformen, Druckgießen) und Bearbeitung (Spanen, Trennen) von Werkstücken dienen, aber auch für Handhabungseinrichtungen und Messgeräte eingesetzt werden. Sie lassen sich nach verschiedenen Gesichtspunkten unterscheiden, wie z. B. nach der chemischen Zusammensetzung in unlegierte oder legierte Werkzeugstähle sowie nach der Einsatztemperatur in Kalt- oder Warmarbeitsstähle. Die Abb. 1.2 zeigt hierzu eine Übersicht zu Gruppen von Werkzeugstählen mit Blick auf ihre Anwendungsmöglichkeiten. Auch die Kunststoffformenstähle werden den Werkzeugstählen zugeordnet, jedoch nicht explizit in der Norm DIN EN ISO 4957 aufgeführt. Diese sowie die Kalt- und Schnellarbeitsstähle werden in gesonderten *essentials* vorgestellt.

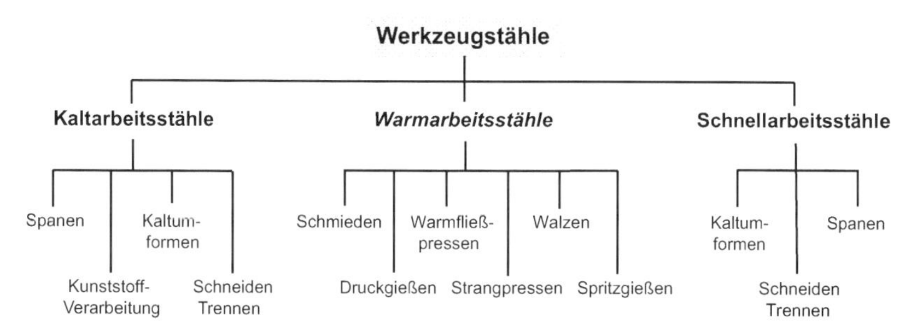

Abb. 1.2 Übersicht zur Einteilung der Werkzeugstähle

1.4 Bezeichnungen

Werkstoffnummern

Diese werden durch die Europäische Stahlregistratur vergeben und bestehen aus der Werkstoffhauptgruppennummer (erste Zahl mit Punkt), den Stahlgruppennummern (zweite und dritte Zahl) sowie den Zählnummern (vierte und fünfte Zahl). Für die Werkzeugstähle unterteilt die DIN EN 10027-2 die Werkstoff-Hauptgruppe 1 nach ***Stahlgruppennummern*** in:

- *unlegierte Werkzeugstähle: 1.15.. bis 1.18..*
- ***legierte Werkzeugstähle: 1.20.. bis 1.28..***

Die Warmarbeitsstähle sind als mehr oder weniger legierte Werkzeugstähle den Stahlgruppennummern 1.20.. bis 1.28.. zuzuordnen. Eine Ausnahme bilden die unlegierten Werkzeugstähle (Kohlenstoffstähle) wie 1.1625 (C80W2) und 1.1750 (C75W), die z. B. für einfache, kleinere Schmiedehammergesenke, Hammersättel, Warmscheren, Nietstempel u. ä. Verwendung finden. Und auch zwei Sonderwerkstoffe werden als hochwarmfeste Legierungen den Warmarbeitswerkstoffen zugeordnet: 2.4668 (NiCr19Fe19Nb5Mo3) und 2.4973 (NiCr19CoMo), beide eingesetzt für Werkzeuge zum Strangpressen von Schwermetallen, wie Matrizen, Dornspitzen und Pressscheiben, sowie für Warmscherenmesser und Sinterpresswerkzeuge.

Stahlkurznamen

Zu den oben genannten Werkstoffnummern sind für alle Stähle Stahlkurznamen zu finden, die sich nach deren chemischen Zusammensetzungen richten. So bestehen diese aus Haupt- und Zusatzsymbolen, die jeweils Buchstaben (z. B. chemische

Symbole) oder Zahlen (für Gehalte der Legierungselemente) sein können. Diese Angaben unterscheiden sich bei unlegierten, legierten und hochlegierten Stählen sowie bei Schnellarbeitsstählen (Langehenke, 2007).

Die *unlegierten Werkzeugstähle* (Kohlenstoffstähle) werden mit dem Buchstaben C für Kohlenstoff gekennzeichnet, gefolgt vom Kohlenstoffgehalt. Die hierbei angegebene Zahl für den Kohlenstoffgehalt ist immer mit 100 multipliziert. D. h., um den realen Gehalt zu erkennen, muss diese Zahl durch 100 geteilt werden. Zusatzsymbole nach dem Zahlenwert können Hinweise für besondere Anforderungen geben, z. B. für den Überzug, den Behandlungszustand oder die Verwendung.

Beispiel: **C75W** (1.1750) – ein unlegierter Warmarbeitsstahl mit 75/100 = 0,75 Masse-% Kohlenstoff (**W** steht für Schweißdraht).

Bei *niedrig legierten Werkzeugstählen* wird im Kurznamen an erster Stelle der Kohlenstoffgehalt, ebenfalls multipliziert mit dem Faktor 100 angegeben. Und dies im Gegensatz zu den unlegierten Stählen immer ohne den Buchstaben C. Darauf folgen die chemischen Kurzzeichen für Legierungselemente und in deren Reihenfolge die zugehörigen Massegehalte dieser Legierungselemente. Zu beachten ist dabei, dass diese Massegehalte stets mit unterschiedlichen Faktoren multipliziert werden. Diese Multiplikatoren für die einzelnen Legierungselemente sind folgende:

- ***Faktor 4:*** *Chrom (Cr), Kobalt (Co), Mangan (Mn), Nickel (Ni), Silizium (Si), Wolfram (W)*
- ***Faktor 10:*** *Aluminium (Al), Beryllium (Be), Kupfer (Cu), Molybdän (Mo), Niob (Nb), Blei (Pb), Tantal (Ta), Titan (Ti), Vanadium (V), Zirkonium (Zr)*
- ***Faktor 100:*** *Cer (Ce), Stickstoff (N), Phosphor (P), Schwefel (S), Kohlenstoff (C)*
- ***Faktor 1000:*** *Bor (B)*

Also müssen wiederum zum Erkennen der realen Legierungsgehalte die angegebenen Zahlen im Stahlkurznamen durch die zugehörigen Multiplikatoren geteilt werden.

Beispiel: **55NiCrMoV7** (1.2714) – ein nickellegierter Warmarbeitsstahl mit 55/100 = 0,55 Masse-% Kohlenstoff sowie mit 7/Faktor 4 = 1,75 Masse-% Nickel, dazu enthält dieser Stahl auch Chrom, Molybdän und Vanadium in vergleichsweise geringeren Gehalten.

Die *legierten und hochlegierten Werkzeugstähle* werden mit einem X am Anfang des Kurznamens gekennzeichnet, sofern der mittlere Gehalt mindestens eines Legierungselementes ≥ 5 Masse-% beträgt (DIN EN 10027–1). Danach folgen der Kohlenstoffgehalt, wieder grundsätzlich multipliziert mit dem Faktor 100, und die weiteren Legierungselemente mit ihren chemischen Kurzzeichen. Dabei erfolgt die Angabe der Legierungselemente in der Reihenfolge beginnend mit dem höchsten

Gehalt. Daran schließen sich die jeweils zu den Legierungselementen zugehörigen Masseanteile an. Diese werden jedoch nicht mit einem Faktor multipliziert (typisch für hochlegierte Stähle!).

Beispiel: **X35CrMoV5-1-1** (1.2342) – ein klassischer Warmarbeitsstahl mit 35/100 = 0,35 Masse-% Kohlenstoff, ca. 5 Masse-% Chrom, 1 Masse-% Molybdän und 1 Masse-% Vanadium.

Markennamen

In der Praxis verwenden die Hersteller und auch Händler für ihre Warmarbeitsstähle eigene Bezeichnungen, Markennamen bzw. geschützte Handelsnamen.

Von **DEW** (Deutsche Edelstahlwerke) werden für die erzeugten Warmarbeitsstähle in den Stahlbezeichnungen Hinweise auf spezielle Technologien und Gefüge gegeben, z. B. ***EFS*** = extra feine Struktur, ***Superclean*** = umgeschmolzen für höchste Reinheit, ***Supercool*** = Spezialstahl mit sehr hoher Wärmeleitfähigkeit, oder die DEW-Stahlbezeichnungen gelten für Sonderstähle, die nicht genormt sind. ***Thermodur***® ist dabei die generelle Bezeichnung der DEW für Warmarbeitsstahl.

Beispiele:

Thermodur® 2329 entspricht dem 1.2329 (46CrSiMoV7)
Thermodur® 2342 EFS entspricht dem 1.2342 (X35CrMoV5-1-1)
Thermodur® 2999 Superclean (X45MoCrV5-3-1), ***Thermodur® E 38 K Superclean*** und ***Thermodur® E 40 K Superclean*** entsprechen nicht genormten Sonderstählen.

Auch ***Böhler*** (voestalpine Böhler Edelstahl) als Stahlerzeuger nutzt eigene Markennamen mit Hinweisen zur Technologie, wie z. B.: ***ISODISC*** = Blockguss, ***ISOBLOC*** = ESU umgeschmolzen, ***VMR*** = im Vakuum-Lichtbogenofen umgeschmolzen.

Beispiele:

Böhler W300 ISOBLOC® entspricht dem 1.2343 (X37CrMoV5-1)
Böhler W303 ISODISC® entspricht dem 1.2367 (X38CrMoV5-3)
Böhler W403 VMR® entspricht in etwa dem 1.2367 (X38CrMoV5-3)

UDDEHOLM (voestalpine High Performance Metals) klassifiziert die erzeugten Warmarbeitsstähle in folgende Gruppen mit eigenen Namen:

- *konventionelle Warmarbeitsstähle:* ***Formvar®, Orvar® 2 Microdized, Vidar™ 1, 1.2343*** und ***1.2344***
- *umgeschmolzene Warmarbeitsstähle:* ***Orvar® Supreme, Vidar™ 1 ESR, 1.2343 ESU***
- *Premium Warmarbeitsstähle:* ***Dievar®, Qro® 90 Supreme, Unimax®, Vidar® Superior***

KIND&CO Edelstahlwerk nutzt z. B. Namen wie ***RPU*** für 1.2367 (X38CrMoV5-3), ***USD*** für 1.2344 (X40CrMoV5-1) und ***USN*** für 1.2343 (X37CrMoV5-1).

Der Stahlhersteller ***Friedr. Lohmann GmbH*** kennzeichnet die Warmarbeitsstähle in seinem Lieferprogramm mit ***LO-W,*** z. B. ***LO-W 2343*** für 1.2343 (X37CrMoV5-1) oder ***LO-W 2367*** für 1.2367 (X38CrMoV5-3).

Auch ***Dörrenberg Edelstahl*** nutzt eigene Bezeichnungen für Warmarbeitsstähle, z. B. ***WP5*** für 1.2343 (X37CrMoV5-1) und ***A50*** für 1.2714 (55NiCrMoV7).

Und auch alle weiteren Hersteller weltweit, wie z. B. ArcelorMital, Nippon Koshuha Steel, Hitachi Metals (YXR 33), Aubert & Duval (SMR4), Villares Metals (VTM), Crucible (CPM1V), Sanyo Special Steel, Daido Steel und Severstal handeln Warmarbeitsstahl mit ihren eigenen Namen. Diese Aufzählung ist nicht vollständig. Es würde sonst den Rahmen dieses *Essentials* sprengen.

Bezeichnungen nach internationalen Normen

Stähle werden, wie in den USA weit verbreitet, mit einer **UNS**-Nummer (*englische Abkürzung:* **U**nified **N**umbering **S**ystem for Metals and Alloys) klassifiziert, wie z. B. **T20813** für den Warmarbeitsstahl **1.2344** (X40CrMoV5-1).

Auf der Basis länderspezifischer Normen können auf dem Stahlmarkt zur DIN EN ISO 4957 äquivalente Warmarbeitsstähle gefunden bzw. verglichen werden:

USA: **ASTM** (ursprünglich „**A**merican **S**ociety for **T**esting and **M**aterials") sowie **AISI** (**A**merican **I**ron and **S**teel **I**nstitute). So wird z. B. der oben genannte Warmarbeitsstahl **1.2344** (X40CrMoV5-1) in der ASTM A 681 als **H13** bezeichnet.

Japan:	**JIS** (**J**apan **I**ndustrial **S**tandard)
Frankreich:	**AFNOR/NF** (**A**ssociation **F**rançaise de **Nor**malisation)
Großbritannien:	**BS** (**B**ritish **S**tandards)
Italien:	**UNI** (Ente Nazionale Italiano di **Uni**ficazione)
China:	**GB** (**G**uo**b**iao, chinesisch: Nationaler Standard)
Schweden:	**SIS** (**S**wedish **I**nstitute of **S**tandards)
Spanien:	**UNE** (Asociación Española de Normalización)
Polen:	**PN** (von: **P**olnisches Komitee für **N**ormung)

	Chemische Zusammensetzung in Masse-%							
	C	Si	Mn	P	S	Cr	Mo	V
X40CrMoV5-1	0,35-0,42	0,80-1,20	0,25-0,50	≤ 0,030	≤ 0,020	4,80-5,50	1,20-1,50	0,85-1,15
USA: AISI H13	0,32-0,45	0,80-1,20	0,20-0,50	≤ 0,030	≤ 0,030	4,75-5,50	1,10-1,75	0,80-1,20
UNS T20813	0,32-0,45	0,80-1,20	0,20-0,50	≤ 0,030	≤ 0,030	4,75-5,50	1,10-1,75	0,80-1,20
Japan: JIS SKD61	0,35-0,42	0,80-1,20	0,25-0,50	≤ 0,030	≤ 0,020	4,80-5,50	1,00-1,50	0,80-1,50

Abb. 1.3 Normenvergleich (chemische Analysen) am Beispiel des Warmarbeitsstahls 1.2344 (X40CrMoV5-1)

Österreich: **ÖNORM** (nationale **ö**sterreichische **Norm**)
Russland: **GOST** (**Go**sudarstvenny **St**andart)
Tschechien: **CSN** (Tschechische nationale technische Norm)

Zu beachten ist bei solch einem Abgleich, dass es sich um „äquivalente“, also oft nur um „gleichwertige“ Warmarbeitsstähle handelt, die im Detail der chemischen Analyse auch etwas voneinander abweichen können. Die Abb. 1.3 zeigt dies am Beispiel der Güte 1.2344 (X40CrMoV5-1) mit vergleichbar zuordenbaren Güten nach AISI (H13), UNS (T20813) und JIS (SKD61).

Chemische Zusammensetzungen und Sorten

2

2.1 Legierungselemente in Warmarbeitsstählen

Die wichtigsten Legierungselemente in Warmarbeitsstählen sind neben Kohlenstoff (C) Chrom (Cr), Wolfram (W), Silizium (Si), Nickel (Ni), Molybdän (Mo), Mangan (Mn), Vanadium (V) sowie Kobalt (Co) und haben maßgeblichen Einfluss auf das Umwandlungsverhalten während der Wärmebehandlung und auf die technologischen Eigenschaften. Diese Legierungsbestandteile werden mengenmäßig so aufeinander abgestimmt, dass die gewünschten Eigenschaften bei der Arbeitstemperatur der Werkzeuge erreicht werden. Der Kohlenstoffgehalt ist dabei für die Aufhärtung (erreichbare Härtesteigerung beim Härten) der Stähle verantwortlich, während die Einhärtung (Eindringtiefe der martensitischen Umwandlung) und die Aushärtung (Bildung von Sekundärkarbiden beim Anlassen) von den metallischen Legierungselementen abhängen.

Im Folgenden werden die Einflüsse der Legierungselemente detaillierter dargestellt:

Kohlenstoff (C)
Neben Eisen besitzen Werkzeugstähle als wichtigstes Legierungselement Kohlenstoff. Er sorgt für die Bildung des Martensitgefüges sowie von Karbiden mit den Elementen Chrom, Wolfram, Molybdän und Vanadium. Auf deren Masseanteile wird der Masseanteil von Kohlenstoff abgestimmt. Mit höherem Kohlenstoffgehalt steigen Festigkeit und Aufhärtbarkeit des Stahls, Duktilität, Schmiedbarkeit, Schweißneigung und die Bearbeitbarkeit sinken. Der Stahl wird spröder.

Chrom (Cr)
Chrom ist ein starker Karbidbildner und verbessert die Einhärtbarkeit durch Absenkung der kritischen Abkühltemperatur. Diese ist beim Härten diejenige

J. Schlegel und T. Schneiders, *Warmarbeitsstahl*, essentials,
https://doi.org/10.1007/978-3-658-39541-4_2

werkstoffabhängige Abkühlgeschwindigkeit, die mindestens zur Ausbildung des Härtegefüges Martensit notwendig ist. Dabei stellt die „obere kritische Abkühlgeschwindigkeit" die längste Abkühldauer bzw. die niedrigste Abkühlgeschwindigkeit dar, um 100 % Martensit zu erreichen, und die „untere kritische Abkühlgeschwindigkeit" die kürzeste Abkühldauer und somit höchste Abkühlgeschwindigkeit, bei der erstmals Martensit auftritt. Dadurch können Werkzeuge mit größeren Abmessungen bzw. Querschnitten gehärtet werden.

Außerdem erhöht Chrom die Warmfestigkeit sowie die Hitze- und Korrosionsbeständigkeit (Stähle mit über 12 bis 13 Masse-% Chrom in der Matrix gelöst sind korrosionsbeständig).

Wolfram (W)

Wolfram bildet sehr harte Karbide, verbessert die Zähigkeit und behindert das Kornwachstum. Gleichzeitig verbessert Wolfram die Warmfestigkeit, die Anlass- sowie die Verschleißbeständigkeit bei hohen Temperaturen.

Silizium (Si)

Silizium wirkt mischkristallverfestigend, erhöht bei höheren Gehalten die Zunderbeständigkeit und die Abschreckhärte, bewirkt aber auch ein Absinken der Zähigkeit.

Nickel (Ni)

Nickel wirkt sich positiv auf die Streckgrenze und Zähigkeit des Stahls aus. Alle Umwandlungspunkte des Stahls (Temperaturen, bei deren Über- oder Unterschreitung Phasenumwandlungen ablaufen) werden durch Nickel gesenkt. Nickel allein macht Stahl nur rostträge, in austenitischen Stählen in Verbindung mit Chrom wird die Beständigkeit auch gegenüber oxidierenden Substanzen erreicht. Definierte Nickelgehalte führen zu bestimmten physikalischen Eigenschaften, z. B. zu einer sehr geringen Temperaturausdehnung; vorteilhaft für Stähle mit bestimmten physikalischen Eigenschaften (Invar-Stähle).

Molybdän (Mo)

Molybdän ist ein starker Karbidbildner und bewirkt wie Chrom eine Absenkung der kritischen Abkühlgeschwindigkeit. Außerdem trägt Molybdän zur Bildung von Sonderkarbiden, somit zur Sekundärhärte beim Anlassen bei. Somit werden durch Molybdän, in ähnlicher Weise wie durch Wolfram, günstig beeinflusst: die Härtbarkeit, die Anlasssprödigkeit, die Streckgrenze und Zugfestigkeit sowie die Warmfestigkeit. Die Zunderbeständigkeit wird durch Molybdän vermindert.

Mangan (Mn)
Mangan wirkt desoxidierend, d. h. es entzieht dem Stahl Sauerstoff und bindet gleichzeitig Schwefel. Es löst sich in der Grundmasse des Stahls, bildet keine Karbide und wirkt mischkristallverfestigend (erhöht Streckgrenze und Zugfestigkeit). Die durch Mangan im Stahl bewirkte Absenkung der kritischen Abkühlgeschwindigkeit verbessert dessen Härtbarkeit. Auch die Schmied- und Schweißbarkeit wird durch Mangan positiv beeinflusst, die Wärmeausdehnung jedoch negativ (wird erhöht). Nachteilig wirkt Mangan auch durch die Neigung zur Grobkornbildung sowie zur Erhöhung des Restaustenitgehalts (Wendl, 1985). Restaustenit ist die beim konventionellen Vergüten durch Härten und Anlassen meist unerwünscht vorliegende austenitische Phase im gewünschten Martensitgefüge. D. h. die ursprünglich vorliegende Austenitphase hat sich beim Abschrecken nicht vollständig in die Martensitphase umgewandelt.

Vanadium (V)
Auch Vanadium ist ein starker Karbidbildner. Wie Chrom und Molybdän bildet Vanadium Sonderkarbide und ist daher sehr wichtig für die Sekundärhärtung (Karagöz & Andrén, 1992). Der Verschleißwiderstand, die Warmfestigkeit und Anlassbeständigkeit werden positiv beeinflusst.

Kobalt (Co)
Kobalt bildet im Stahl keine Karbide, verbessert jedoch die Anlass- und Verschleißbeständigkeit sowie die Warmfestigkeit. Durch Zulegieren von Kobalt werden höchste Warmhärten erreicht.

Zur Sicherung der Warmfestigkeit, aber auch der Temperaturwechselfestigkeit und Zähigkeit von Warmarbeitsstählen ist ein Gefüge aus Martensit mit Sekundärkarbidausscheidungen erforderlich (Kulmburg, 1998), siehe Kap. 3: *Gefüge und Eigenschaften*. Deshalb weisen die Warmarbeitsstähle ohne Nickel, Wolfram und Kobalt üblicherweise Legierungsgehalte in folgenden Bereichen auf:

- *Kohlenstoff: 0,30 bis 0,55 Masse-%*
- *Chrom: 2,7 bis ca. 5,5 Masse-%*
- *Molybdän: 1,1 bis 3,2 Masse-%*
- *Vanadium: 0,3 bis 1,15 Masse-%.*

Nickelgehalte von 1,5 bis 1,8 Masse-% hat z. B. der nickellegierte Warmarbeitsstahl 1.2714 (55NiCrMoV7). Wolframlegierte Warmarbeitsstähle können Gehalte von bis zu 9 Masse-% Wolfram enthalten, wie z. B. der 1.2581 (X30WCrV9-3). Und ein kobalthaltiger Warmarbeitsstahl, wie der 1.2661 (38CrCoW18-17–17), weist 4,0 bis 4,5 Masse-% Kobalt auf.

2.2 Sorten

Eine Einteilung bzw. Klassifizierung der Warmarbeitsstähle nach Gefüge und Qualität ist stets im Zusammenhang mit den Hauptanwendungsgebieten zu sehen. Diese sind Druckgießformen, Strangpressmatrizen und Schmiedewerkzeuge, also Werkzeuge mit zyklischer Beanspruchung im Kontakt mit Werkstücken, die Temperaturen von 400 bis zu 1200 °C aufweisen können. Die Kontaktdauer zwischen Werkstück und Werkzeug kann Millisekunden (Hammergesenke) bis zu Minuten (Strangpressen) betragen (Berns, 1993). So entstehen unterschiedliche Temperaturbelastungen und auch Verschleißbeanspruchungen, für die die Warmarbeitsstähle hinsichtlich ihrer Zähigkeit und Warmfestigkeit angepasst wurden. Davon ausgehend sind folgende drei Gruppen zu unterscheiden:

- *Martensitische Stähle ohne bzw. mit geringer Sekundärhärte,* z. B. 1.2714 (55NiCrMoV7).
  Diese Gruppe bietet eine nur relativ niedrige Warm- und Zeitstandfestigkeit.
- *Martensitische Stähle mit ausgeprägter Sekundärhärte,* z. B. 1.2344 (X40CrMoV5-1).
  Diese Stähle mit höheren Legierungsgehalten an Molybdän und Vanadium weisen infolge der Aushärtung durch Sonderkarbide eine höhere Warmfestigkeit auf.
- *Austenitische Stähle,* z. B. 1.2779 (X6NiCrTi26-15).
  Diese dritte Gruppe betrifft die warmfesten und zunderbeständigen austenitischen Warmarbeitsstähle. Sie werden dort eingesetzt, wo sehr lange Kontaktdauern bei hohen Werkstücktemperaturen auftreten, z. B. beim Strangpressen von Schwermetallen. Die austenitischen Warmarbeitsstähle zeigen bei Arbeitstemperaturen oberhalb 650 °C eine höhere Warmfestigkeit als die martensitischen Warmarbeitsstähle.

Durch Nutzung modernster Technologien von dem Erschmelzen, dem Umschmelzen bis hin zur Wärmebehandlung können heute Warmarbeitsstähle mit besonders feiner und homogener Struktur und höchster Reinheit hergestellt werden und zu höchsten und gleichmäßigen Werkzeugstandzeiten beitragen. Hierauf verweist eine weitere Möglichkeit der Unterscheidung von Warmarbeitsstählen:

- *Konventionelle Warmarbeitsstähle für normale Beanspruchung*
- *Umgeschmolzene Warmarbeitsstähle und gegebenenfalls mit besonderer Wärmebehandlung für hohe Beanspruchung*

Die Abb. 2.1 zeigt in einer Übersicht die chemischen Analysen der heute vorwiegend eingesetzten Warmarbeitsstähle, geordnet nach aufsteigenden Werkstoffnummern.

W.-Nr.	Kurzname	Chemische Zusammensetzung (in Masse-%) nach DIN EN ISO 4957											
		C	Si	Mn	P	S	Co	Cr	Mo	Ni	V	W	Sonstige
							Martensitische Warmarbeitsstähle						
1.1750	C75W	0,72-0,82	0,15	0,60-0,80	≤ 0,035	≤ 0,035	-	-	-	-	-	-	-
1.2082	X21Cr13	0,17-0,22	0,30-0,50	0,20-0,40	≤ 0,035	≤ 0,035	-	12,5-13,5	-	-	-	-	-
1.2083	X40Cr14	0,36-0,42	≤ 1,00	≤ 1,00	≤ 0,030	≤ 0,030	-	12,5-14,5	-	-	-	-	-
1.2309	65MnCrMo4	0,60-0,68	0,30-0,50	1,00-1,20	≤ 0,035	≤ 0,035	-	0,60-0,80	0,20-0,30	-	-	-	-
1.2311	40CrMnMo7	0,35-0,45	0,20-0,40	1,30-1,60	≤ 0,035	≤ 0,035	-	1,80-2,10	0,15-0,25	-	-	-	-
1.2312	40CrMnMoS8-6	0,35-0,45	0,20-0,40	1,40-1,60	≤ 0,030	0,05-0,10	-	1,80-2,00	0,15-0,25	-	-	-	-
1.2313	21CrMo10	0,16-0,23	0,20-0,40	0,20-0,40	≤ 0,025	≤ 0,025	-	2,30-2,60	0,30-0,40	-	-	-	-
1.2323	48CrMoV6-7	0,40-0,50	0,15-0,35	0,60-0,90	≤ 0,030	≤ 0,030	-	1,30-1,60	0,65-0,85	-	0,25-0,35	-	-
1.2329	46CrSiMoV7	0,43-0,48	0,60-0,75	0,65-0,85	≤ 0,030	≤ 0,030	-	1,65-1,85	0,25-0,35	0,45-0,60	0,17-0,22	-	-
1.2340	X36CrMoV5-1	0,32-0,40	≤ 0,50	0,10-0,50	≤ 0,020	≤ 0,010	-	4,60-5,40	1,10-1,60	≤ 0,30	0,35-0,60	-	-
1.2342	X35CrMov5-1-1	0,30-0,40	0,70-1,20	0,40-0,60	≤ 0,030	≤ 0,030	-	4,50-5,50	1,00-1,20	-	0,80-1,00	-	-
1.2343	X37CrMoV5-1	0,33-0,41	0,80-1,20	0,25-0,50	≤ 0,030	≤ 0,020	-	4,80-5,50	1,10-1,50	-	0,30-0,50	-	-
1.2344	X40CrMoV5-1	0,35-0,42	0,80-1,20	0,25-0,50	≤ 0,030	≤ 0,020	-	4,80-5,50	1,20-1,50	-	0,85-1,15	-	-
1.2345	X50CrMoV5-1	0,40-0,53	0,80-1,10	0,20-0,40	≤ 0,030	≤ 0,030	-	4,80-5,20	1,25-1,45	-	0,80-1,00	-	-
1.2355	50CrMoV13-15	0,45-0,55	0,20-0,80	0,80-0,90	≤ 0,030	≤ 0,020	-	3,00-3,50	1,30-1,70	-	0,15-0,35	-	-
1.2357	50CrMoV13-14	0,45-0,55	0,20-0,50	0,50-0,80	≤ 0,020	≤ 0,030	-	3,00-3,60	1,20-1,60	-	0,05-0,25	-	-
1.2360	X48CrMoV8-1-1	0,40-0,50	0,70-0,90	0,35-0,45	≤ 0,020	≤ 0,005	-	7,30-7,80	1,30-1,50	-	1,30-1,50	-	-
1.2362	X63CrMoV5-1	0,60-0,65	1,00-1,20	0,30-0,50	≤ 0,035	≤ 0,035	-	5,00-5,50	1,00-1,30	-	0,25-0,35	-	-
1.2365	32CrMoV18-28	0,28-0,35	0,10-0,40	0,15-0,45	≤ 0,030	≤ 0,020	-	2,70-3,20	2,50-3,00	-	0,40-0,70	-	-
1.2367	X38CrMoV5-3	0,35-0,40	0,30-0,50	0,30-0,50	≤ 0,030	≤ 0,020	-	4,80-5,20	2,70-3,20	-	0,40-0,60	-	-
1.2564	30WCrV15-1	0,25-0,35	0,80-1,10	0,30-0,50	≤ 0,035	≤ 0,035	-	0,90-1,20	-	-	0,15-0,20	1,70-2,20	-
1.2567	30WCrV17-2	0,25-0,35	0,15-0,30	0,20-0,40	≤ 0,035	≤ 0,035	-	2,20-2,50	-	-	0,50-0,70	4,00-4,50	-
1.2581	X30WCrV9-3	0,25-0,35	0,10-0,40	0,15-0,45	≤ 0,030	≤ 0,020	-	2,50-3,20	-	-	0,30-0,50	8,50-9,50	-
1.2603	45CrVMoW5-8	0,40-0,50	0,50-0,70	0,30-0,50	≤ 0,035	≤ 0,035	-	1,30-1,60	0,40-0,60	-	0,75-0,90	0,40-0,60	-
1.2605	X35CrWMoV5	0,32-0,40	0,80-1,20	0,20-0,50	≤ 0,030	≤ 0,020	-	4,75-5,50	1,25-1,60	-	0,20-0,50	1,10-1,60	-
1.2606	X37CrMoW5-1	0,32-0,40	0,90-1,20	0,30-0,60	≤ 0,035	≤ 0,035	-	5,00-5,60	1,30-1,60	-	0,15-0,40	1,20-1,40	-
1.2622	X60WCrMoV9-4	0,55-0,65	0,20-0,40	0,20-0,40	≤ 0,035	≤ 0,035	-	3,70-4,20	0,80-1,00	-	0,60-0,80	8,50-9,50	-
1.2661	38CrCoWV18-17-17	0,35-0,45	0,15-0,50	0,20-0,50	≤ 0,030	≤ 0,020	4,00-4,50	4,00-4,70	0,30-0,50	-	1,70-2,10	3,80-4,50	-
1.2662	X30WCrCoV9-3	0,27-0,32	0,15-0,30	0,20-0,40	≤ 0,035	≤ 0,035	1,80-2,30	2,20-2,50	-	-	0,20-0,30	8,00-9,00	-
1.2678	X45CoCrWV5-5-5	0,40-0,50	0,35-0,50	0,30-0,50	≤ 0,025	≤ 0,025	4,00-5,00	4,00-5,00	0,40-0,50	-	1,80-2,10	4,00-5,00	-
1.2709	X3NiCiMoTi18-9-5	≤ 0,03	≤ 0,10	≤ 0,15	≤ 0,010	≤ 0,010	8,50-10,0	≤ 0,25	4,50-5,20	17,0-19,0	-	-	Ti 0,8-1,2
1.2711	54NiCrMoV6	0,50-0,60	0,15-0,35	0,50-0,80	≤ 0,025	≤ 0,025	-	0,60-0,80	0,25-0,35	1,50-1,80	0,07-0,12	-	-
1.2713	55NiCrMoV6	0,50-0,60	0,10-0,40	0,65-0,95	≤ 0,030	≤ 0,030	-	0,60-0,80	0,25-0,35	1,50-1,80	0,07-0,12	-	-
1.2714	55NiCrMoV7	0,50-0,60	0,10-0,40	0,60-0,90	≤ 0,030	≤ 0,030	-	0,80-1,20	0,35-0,55	1,50-1,80	0,05-0,15	-	-
1.2726	26NiCrMoV5	0,22-0,30	0,30-0,50	0,20-0,40	≤ 0,030	≤ 0,030	-	0,60-0,90	0,20-0,40	1,30-1,60	0,15-0,20	-	-
1.2738	40CrMnNiMo8-6-4	0,35-0,45	0,20-0,40	1,30-1,60	≤ 0,035	≤ 0,035	-	1,80-2,10	0,15-0,25	0,90-1,20	-	-	-
1.2740	28NiCrMoV10	0,24-0,32	0,30-0,50	0,20-0,40	≤ 0,030	≤ 0,030	-	0,60-0,70	0,50-0,70	2,30-2,60	0,25-0,32	-	-
1.2743	60NiCrMoV12-4	0,55-0,60	0,30-0,50	0,50-0,80	≤ 0,035	≤ 0,035	-	1,00-1,30	0,30-0,40	2,70-3,00	0,07-0,12	-	-
1.2744	57NiCrMoV7-7	0,50-0,60	0,15-0,35	0,60-0,80	≤ 0,035	≤ 0,035	-	0,90-1,20	0,70-0,90	1,50-1,80	0,07-0,12	-	-
1.2747	28NiMo17	0,24-0,31	0,15-0,35	0,20-0,40	≤ 0,030	≤ 0,030	-	0,30-0,50	1,15-1,25	4,20-4,70	0,15-0,20	-	-
1.2766	35NiCrMo16	0,32-0,38	0,15-0,30	0,40-0,60	≤ 0,035	≤ 0,035	-	1,20-1,50	0,20-0,40	3,80-4,30	-	-	-
1.2767	45NiCrMo16	0,40-0,50	0,10-0,40	0,20-0,50	≤ 0,030	≤ 0,030	-	1,20-1,50	0,15-0,35	3,80-4,30	-	-	-
1.2787	X23CrNi17	0,10-0,25	≤ 1,00	≤ 1,00	≤ 0,035	≤ 0,035	-	15,5-18,0	-	1,00-2,50	-	-	-
1.2885	X32CrMoCoV3-3-3	0,28-0,35	0,10-0,40	0,15-0,45	≤ 0,030	≤ 0,030	2,50-3,00	2,70-3,20	2,60-3,00	-	0,40-0,70	-	-
1.2886	X15CrCoMoV10-10-5	0,13-0,18	0,15-0,25	0,15-0,25	-	-	9,50-10,5	9,50-10,5	4,90-5,20	-	0,45-0,55	-	-
1.2888	X20CoCrWMo10-9	0,17-0,23	0,15-0,35	0,40-0,60	≤ 0,035	≤ 0,035	9,50-10,5	9,00-10,0	1,80-2,20	-	-	5,00-6,00	-
1.2889	X45CoCrMoV5-5-3	0,40-0,50	0,30-0,50	0,30-0,50	≤ 0,025	≤ 0,025	4,00-5,00	4,00-5,00	2,80-3,30	-	1,80-2,10	-	-
1.2999	X45MoCrV5-3-1	~ 0,45	~ 0,30	~ 0,30	≤ 0,030	≤ 0,030	-	~ 3,0	~ 5,0	-	~ 1,0	-	-
							Austenitische Warmarbeitsstähle						
1.2731	X50NiCrWV13-13	0,45-0,55	1,20-1,50	0,60-0,80	≤ 0,035	≤ 0,035	-	12,0-14,0	-	12,5-13,5	0,30-1,00	1,50-2,80	-
1.2779	X6NiCrTi26-15	≤ 0,08	≤ 1,00	≤ 2,00	≤ 0,030	≤ 0,030	-	13,5-16,0	1,00-1,50	24,0-27,0	0,10-0,50	-	Ti 1,9-2,3
1.2782	X16CrNiSi25-20	≤ 0,20	1,80-2,30	≤ 2,00	≤ 0,035	≤ 0,035	-	24,0-26,0	-	19,0-21,0	-	-	-
1.2786	X13NiCrSi36-16	≤ 0,15	1,50-2,00	≤ 2,00	≤ 0,035	≤ 0,035	-	15,0-17,0	-	34,0-37,0	-	-	-
							Nickel-Sonderwerkstoffe						
2.4668	NiCr19Fe19Nb5Mo3	0,02-0,08	≤ 0,35	≤ 0,35	≤ 0,015	≤ 0,015	≤ 1,00	17,0-21,0	2,80-3,30	50,0-55,0	-	-	Fe Rest/Bal. Nb/Ta 4,7-5,5 Ti 2,8-3,3
2.4973	NiCr19CoMo	≤ 0,12	≤ 0,50	≤ 0,10	-	-	10,0-12,0	18,0-20,0	9,00-10,5	Rest/Bal.	-	-	Fe ≤ 5,00 Ti 2,8-3,3 Al 1,4-1,8

Abb. 2.1 Vergleich der chemischen Analysen von Warmarbeitsstählen

3 Gefüge und Eigenschaften

Die Eigenschaften eines Stahls werden durch dessen Gefügeausbildung bestimmt, und diese wiederum wird durch die chemische Zusammensetzung und Verarbeitung einschließlich der Wärmebehandlung beeinflusst. Dies gilt allgemein für Stähle und so auch für Warmarbeitsstähle. Die Abb. 3.1 zeigt hierzu diesen Zusammenhang für Werkzeugstähle mit deren speziellen Anforderungen.

Die vergütbaren Warmarbeitsstähle werden in der Regel als Halbzeug bzw. Zuschnitte im weichgeglühten Zustand gut bearbeitbar (max. 235 HB) ausgeliefert, also mit einem Gefüge aus ferritischer Matrix mit kugelig eingeformten Karbiden (Schruff, 1989). Die Abb. 3.2 zeigt hierzu am Beispiel des Warmarbeitsstahls **1.2343** die durch Weichglühen mit langsamer Abkühlung ausgeschiedenen und in der weichen ferritischen Matrix kugelig eingeformten Karbide.

Dieses Weichglühgefüge ist als Ausgangszustand gut geeignet für die mechanische Bearbeitung zur Herstellung der gewünschten Werkzeuge. Bei deren Einsatz ist zur Sicherung der Warmfestigkeit, aber auch der Temperaturwechselfestigkeit und Zähigkeit ein Gefüge aus Martensit mit Sekundärkarbidausscheidungen notwendig. Dieses wird durch eine gezielte Wärmbehandlung (Härten und Anlassen im oberen Temperaturbereich, diese Kombination wird *Vergüten* genannt) der fertigen Werkzeuge nach deren Bearbeitung erzeugt. Die Abb. 3.3 zeigt ein Schliffbild vom Gefüge eines vergüteten, martensitischen Warmarbeitsstahles am Beispiel des 1.2343 (X37CrMoV5-1). Deutlich erkennbar ist die martensitische, nadelige Struktur des Härtegefüges. Infolge ihrer sehr kleinen Größe sind die Karbidausscheidungen nur schwer auszumachen.

Die Werkzeuge zur Warmumformung und zum Druckgießen aus Warmarbeitsstählen unterliegen komplexen mechanischen, thermischen, chemischen und tribologischen Beanspruchungen, die zyklisch auftreten. Die Abb. 3.4 zeigt hierzu die komplexen Beanspruchen am Beispiel eines Schmiedegesenks.

J. Schlegel und T. Schneiders, *Warmarbeitsstahl*, essentials,
https://doi.org/10.1007/978-3-658-39541-4_3

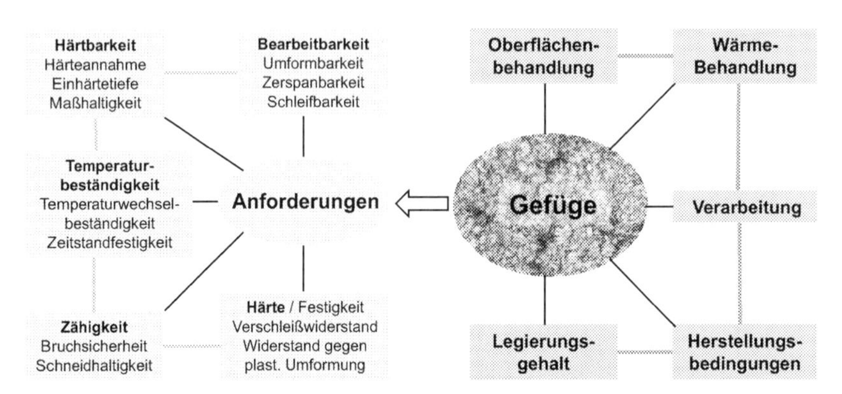

Abb. 3.1 Beeinflussung der Gefügeausbildung und Eigenschaften von Werkzeugstählen, Darstellung nach (Schruff, 2002)

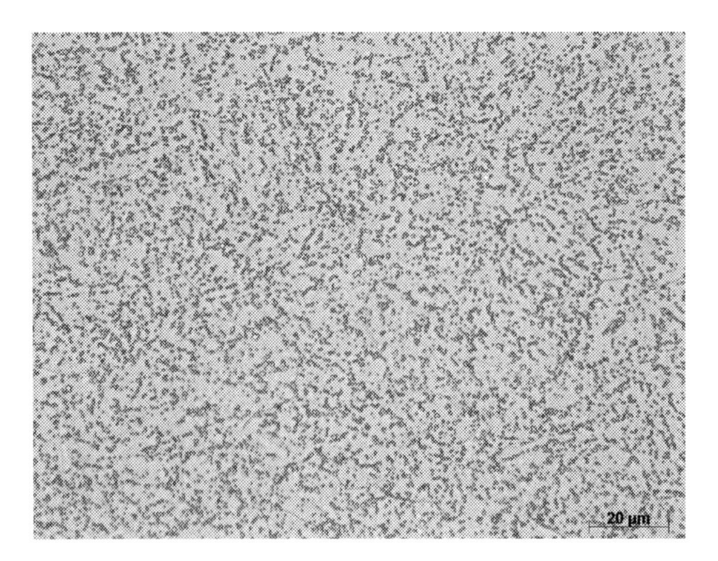

Abb. 3.2 Weichglühgefüge des Warmarbeitsstahls **1.2343** mit gut erkennbaren kugelig eingeformten Karbiden in der ferritischen Matrix (Schliffbild: Deutsche Edelstahlwerke Specialty Steel GmbH & Co.KG)

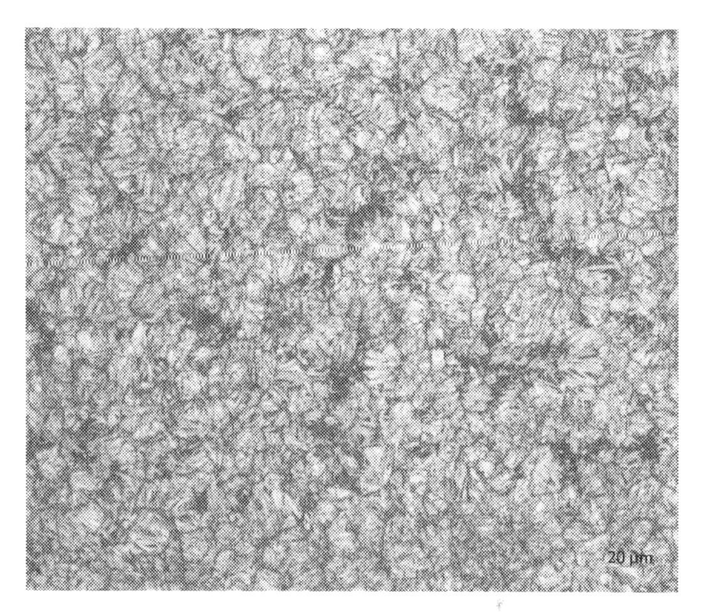

Abb. 3.3 Querschliff vom Warmarbeitsstahl 1.2343 (X37CrMoV5-1): Stab, warmgewalzt und vergütet, 500fach (Schliffbild: BGH Edelstahl Lugau GmbH)

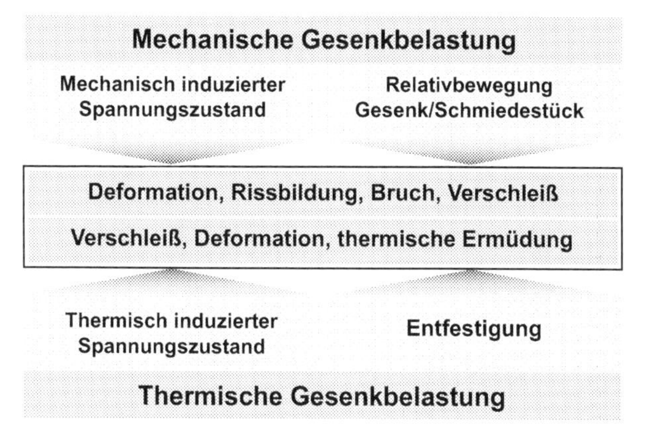

Abb. 3.4 Darstellung der komplexen Beanspruchung eines Schmiedegesenks

Folgende **Eigenschaften der Warmarbeitsstähle** sind gefragt:

- *hohe Gefügegleichmäßigkeit*
- *hohe Warmfestigkeit und –zähigkeit*
- *hohe Anlassbeständigkeit*
- *hohe Warmverschleißbeständigkeit*
- *hohe Zunderbeständigkeit*
- *hohe Temperaturwechselbeständigkeit (Thermoschockbeständigkeit)*
- *hohe Wärmeleitfähigkeit*
- *gute Härtbarkeit*
- *gute Zerspanbarkeit und Beschichtbarkeit*
- *gute Maßbeständigkeit*
- *geringe Verzugsneigung*
- *geringe Klebeneigung*
- *hoher Widerstand gegen Erosion, Hochtemperaturkorrosion und Oxidation*

Warmfestigkeit

Die Warmfestigkeit beschreibt die Fähigkeit eines Werkstoffs, Belastungen (mechanische Spannungen) auch bei erhöhten Temperaturen aufzunehmen und diese ohne bleibende Verformungen zu „ertragen".

Die vorwiegend eingesetzten martensitischen Warmarbeitsstähle besitzen bei Raumtemperatur Zugfestigkeiten R_m im Bereich 1200 bis über 2300 N/mm^2 (König & Klocke, 2006). In Abhängigkeit von den Prüftemperaturen zeigen die Warmarbeitsstähle je nach Legierungszusammensetzung charakteristische Verläufe der Warmfestigkeiten. Im Temperaturbereich um 400 °C betragen die Warmfestigkeiten R_m immerhin noch ca. 1200 bis 1400 N/mm^2. Die Abb. 3.5 zeigt hierzu am Beispiel des Warmarbeitsstahls 1.2343 (X37CrMoV5-1) den Verlauf der Warmfestigkeit (R_m und $R_{p0,2}$) sowie der Brucheinschnürung Z.

Anlassbeständigkeit

Die Anlassbeständigkeit kennzeichnet die Widerstandsfähigkeit eines Werkstoffs gegen Erweichen bei zunehmenden Temperaturen. Die für einen Warmarbeitsstahl charakteristische Anlassbeständigkeit, die auch deren Anwendungsbereich bis über 600 °C begünstigt, wird aus dem Vergleich seiner Anlasskurve mit den Anlasskurven von einem Kaltarbeitsstahl und einem Schnellarbeitsstahl erkennbar. Diesen Vergleich zeigt die Abb. 3.6.

Wird im Betrieb zum Beispiel beim Gesenkschmieden die Anlasswirkung des Vergütens bei zu hohen Temperaturen überschritten, so erweicht die Werkzeugrandschicht. Formkanten in Schmiedegesenken nehmen von beiden Seiten Wärme

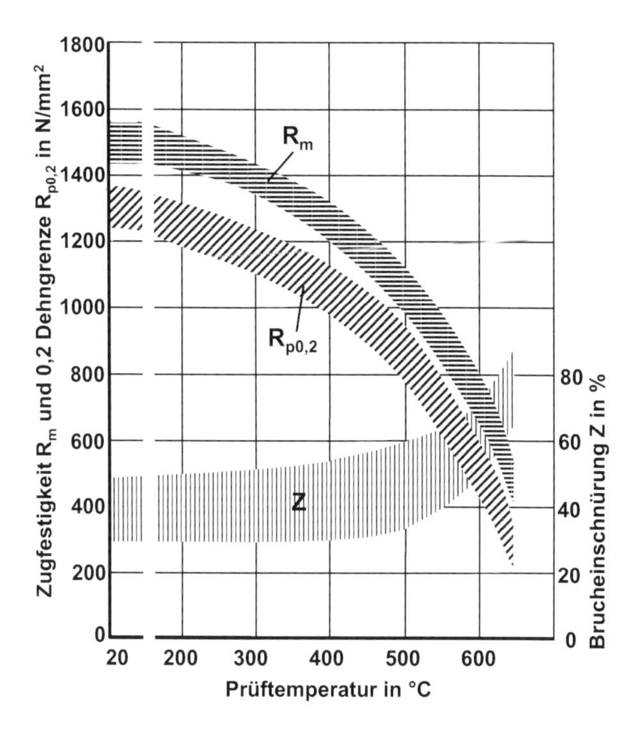

Abb. 3.5 Verlauf der Warmfestigkeit vom Warmarbeitsstahl 1.2343 (X37CrMoV5-1) nach (Schruff, 2002)

auf, sodass sie eine höhere Temperatur erreichen als plane Formflächen. Zudem sind solche Kanten meist mechanisch höher belastet, sodass sich Verformung und Erweichung gegenseitig verstärken. Im Zusammenspiel mit der tribologischen Beanspruchung kommt es in diesen Bereichen verstärkt zu Verschleiß (Berns, 2004).

Temperaturwechselbeständigkeit

Die Lebensdauer eines Warmarbeitswerkzeugs wird maßgeblich von seiner Widerstandsfähigkeit gegen einen ständigen Temperaturwechsel bestimmt. So ist die Hauptausfallursache beispielsweise bei Druckgießformen mit einem Anteil von 80 % die Bildung von Thermoschockrissen bzw. von thermischer Ermüdung (Schruff, 2003). Unter Produktionsbedingungen stehen Werkzeug und die heißen Werkstücke in Kontakt, wodurch die Werkzeugoberfläche zyklisch einer thermischen und mechanischen Wechselbeanspruchung unterliegt. Die Randzone des

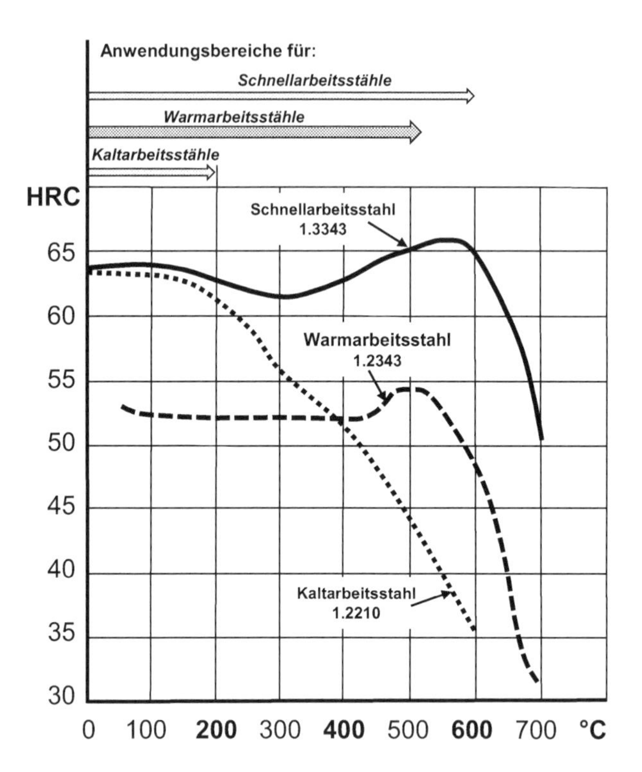

Abb. 3.6 Vergleich der Anlasskurven eines Warmarbeitsstahles, eines Kaltarbeitsstahls und eines Schnellarbeitsstahls

Werkzeugs wird sich bei dieser zyklisch auftretenden thermischen Belastung schneller erwärmen als die darunter liegenden Bereiche. Dadurch entsteht ein steiler Temperaturgradient, sodass sich Spannungen in der Randschicht aufbauen können (Schneiders, 2005). Diese thermisch induzierten Spannungen verursachen wie bei einer Ermüdung die Bildung von Mikrorissen. Eine Verzögerung dieser Ausbildung von Mikrorissen (Anrisse) lässt sich durch eine höhere Warmfestigkeit und Duktilität des eingesetzten Warmarbeitsstahls erreichen. Die weitere Lebensdauer des Werkzeugs hängt entscheidend vom Fortschreiten der gebildeten Risse ab (Rissausbreitung). Auch aus diesem Grund ist eine hohe Bruchzähigkeit (Widerstand gegen Rissausbreitung) des Werkstoffs von Vorteil.

Warmverschleißbeständigkeit

Gemäß der DIN 50320 wird Verschleiß definiert als *„fortschreitender Materialverlust aus der Oberfläche eines festen Körpers, der hervorgerufen wird durch mechanische Ursachen, d. h. durch Kontaktbewegungen und Relativbewegungen eines festen, flüssigen oder gasförmigen Körpers"*. Verantwortlich für solch einen Masseverlust sind die vier Verschleißmechanismen Adhäsion (Anhaftung an den Kontaktflächen), Abrasion (oberflächliches Abtragen durch Reibung), tribochemische Reaktion und Oberflächenzerrüttung (Macherauch & Zoch, 2011). Die Hauptverschleißmechanismen beim Umformen sind Adhäsion und Abrasion. Bei einem direkten Kontakt zwischen Werkzeug und Werkstück kommt es an Rauheitsspitzen zu Adhäsion. Diese entsteht durch lokales Anhaften und Verschweißungen aufgrund molekularer und atomarer Wechselwirkungen. Durch die Relativbewegung zwischen Werkzeug und Werkstück werden diese Verbindungen getrennt. Dies kann an den ursprünglichen Kontaktflächen oder in den oberflächennahen Bereichen der beteiligten Partner erfolgen, sodass es zu Materialabtrag kommt. Abrasion entsteht durch das Eindringen harter Partikel in eine weichere Oberfläche. Bei Warmarbeitswerkzeugen, die im Betrieb höheren Temperaturen ausgesetzt sind, taucht als Abrasiv vorrangig Zunder auf. Infolge der Relativbewegungen zwischen Werkzeug und Werkstück wirken die Mikromechanismen Mikropflügen, Mikrospanen, Mikroermüden und Mikrobrechen. Die Oberfläche des Werkzeugs zeigt nach abrasiver Beanspruchung Riefen, zerspante Bereiche, Ausbrüche und Risse, die zu Materialverlust führen. Die auftretenden tribochemischen Reaktionen sind chemische Wechselwirkungen zwischen Werkzeug, Werkstück, Schmiermittel und Umgebungsmedium. Oberflächenzerrüttung entsteht durch Werkstoffermüdung, Rissbildung und Materialabtrag infolge mechanischer und thermischer Wechselbeanspruchung (Schneiders, 2005).

Hochtemperaturkorrosion

Vom Widerstand bzw. von der Beständigkeit eines Werkzeugwerkstoffs gegen die erwähnten Verschleißmechanismen hängt bei der Anwendung die Lebensdauer des Werkzeuges ab. Hinzu kommt bei Werkzeugoberflächen von Warmarbeitsstählen im Betrieb bei erhöhten Temperaturen auch das Einwirken verschiedener Medien wie Luft, Schmier- und Kühlmittel sowie Werkstückwerkstoff. Oberhalb von 570 °C oxidiert Eisen zu Wüstit (FeO). So entsteht normalerweise eine dicke, schnell anwachsende Zunderschicht, die durch Abplatzen zu Materialverlust führen würde. Bei den Warmarbeitsstählen wird das verhindert durch den erhöhten Chromgehalt. Dieser bewirkt die Bildung einer dünnen, festhaftenden Oxidschicht (Berns, 1993). Deshalb steht ein oxidativer Abtrag bei den Warmarbeitsstählen meist nicht im Vordergrund (Berns, 2004).

Graphithaltige Kühlschmierstoffe haben eine aufkohlende Wirkung, aufgrund der geringen Löslichkeit für Kohlenstoff im kubisch–raumzentrierten Gitter ist diese jedoch beim Warmumformen an den Werkzeugen aus Warmarbeitsstahl zu vernachlässigen. Wird jedoch das Gefüge der Randschicht des Werkzeugs im Betrieb bei überhöhten Temperaturen umgewandelt (austenitisiert), so kann aufgrund von Oxidation des Kohlenstoffs eine Randentkohlung eintreten (Berns, 2004). Diese führt zu einer Verminderung der Oberflächenhärte und somit zu einem erhöhten Verschleiß.

Beim Druckgießen von Leicht- und Schwermetallen kann ein merklicher Materialverlust am Formwerkzeug auftreten. Die Gründe liegen zum Beispiel in der Auflösung des Werkzeugwerkstoffes im flüssigen Metall, z. B. Aluminium (Persson et al., 2002).

Wärmeleitfähigkeit

Diese Eigenschaft eines Werkstoffes beschreibt dessen Fähigkeit, wie gut er die Wärme leiten kann, oder anders ausgedrückt, wie hoch die Geschwindigkeit ist, mit der sich eine Erwärmung von einem Punkt ausgehend durch den Werkstoff (Formwerkzeug) ausbreitet. Eine hohe Wärmeleitfähigkeit ist wichtig bei Warmumform- und Druckgusswerkzeugen, um schnell Temperaturunterschiede abzubauen und dabei schädigende Temperaturspitzen an der Werkzeugoberfläche, Deformationen und innere Spannungen zu vermeiden. Weiterhin kann eine hohe Wärmeleitfähigkeit zu einer Taktzeitverkürzung z. B. im Druckguss oder bei der Kunststoffverarbeitung beitragen.

Zähigkeit

Bei den erwähnten Eigenschaften wie Warmfestigkeit, Anlass- und Zunderbeständigkeit im Zusammenhang mit den Belastungen beim Gebrauch der Werkzeuge spielt die Warmzähigkeit der eingesetzten Warmarbeitsstähle eine besondere Rolle hinsichtlich der erreichbaren Werkzeugstandzeiten (siehe hierzu **Abb.** 1.1). Im Allgemeinen versteht man unter Zähigkeit die Widerstandsfähigkeit eines Werkstoffes gegen Bruch oder Rissausbreitung (Issler et al., 2003). Diese wird üblicherweise im Schlagbiege- und Kerbschlagbiegeversuch ermittelt als Brucharbeit bezogen auf den Nennquerschnitt der Probe. Zähigkeit ist also die Fähigkeit eines Werkstoffes zur Absorption mechanischer Energie bei plastischer Umformung ohne zu brechen. Das Gegenteil zur Zähigkeit ist die Sprödigkeit. Und Zähigkeit ist nicht mit Duktilität zu verwechseln. Duktilität beschreibt die Eigenschaft eines Werkstoffes, sich bei einer Umformung unter Belastung vor einem Bruch dauerhaft plastisch zu verformen, bestimmbar zum Beispiel mit dem Zugversuch (Gottstein, 2014).

Eigenschaft	Definition	Wirkung / Nutzen
Warmzähigkeit	Widerstandsfähigkeit eines Werkstoffs gegen Bruch oder Rissausbreitung.	Die Warmzähigkeit reduziert die Gefahr von Rissbildung und Rissausbreitung, wichtig bei Werkzeugen mit tiefen Gravuren, an Querschnittsübergängen und Kanten. Spannungsspitzen werden abgebaut und eine gute Formbeständigkeit der Werkzeuge erreicht.
Warmfestigkeit	Fähigkeit eines Werkstoffs, Belastungen (mechanische Spannungen) ohne bleibende Verformungen auch bei erhöhten Gebrauchstemperaturen aufzunehmen.	Ausreichende Warmfestigkeit, also "ertragbare" Belastungen auch bei hohen Temperaturen bietet Sicherheit gegen Deformation und Verschleiß der Werkzeuge.
Anlassbeständigkeit	Widerstandsfähigkeit eines Werkstoffs gegen Erweichen bei zunehmenden Temperaturen.	Eine hohe Anlassbeständigkeit der Warmarbeitsstähle führt zu ausreichender Arbeitshärte auch bei Temperaturen bis ca. 400 °C.
Warmverschleißbeständigkeit	Widerstand gegen fortschreitenden Materialverlust an der Werkzeugoberfläche, verursacht durch mechanische Einwirkungen (Adhäsion, Abrasion, tribochemische Reaktionen und Oberflächenzerrüttung).	Eine hohe Beständigkeit gegen Warmverschleiß verringert die Gefahr von Erosion, also von Abnutzungserscheinungen an den Formkonturen der Werkzeuge.
Temperaturwechselbeständigkeit	Fähigkeit eines Werkstoffs, die sich ständig einem Dauerbetrieb rapide wiederholenden Temperaturwechsel auszuhalten.	Temperaturwechsel sind besonders scharfe Beanspruchungen. Je höher die Temperaturwechselbeständigkeit des Warmarbeitsstahls, desto geringer ist die Gefahr der Entstehung von Spannungsrissen und somit von Bechädigungen an der Oberfläche des Werkzeugs.
Wärmeleitfähigkeit	An der Wärmeleitfähigkeit eines Werkstoffs ist erkennbar, wie gut er die Wärme leitet oder wie gut er sich zur Wärmedämmung eignet.	Eine hohe Wärmeleitfähigkeit reduziert die Temperaturunterschiede und somit Spannungen im Werkzeug. Schädigende Temperaturspitzen an der Werkzeugoberfläche und Deformationen werden vermieden.

Abb. 3.7 Übersicht zu wichtigen Eigenschaften von Warmarbeitsstählen und deren Wirkungen bzw. Nutzen (In Anlehnung an eine Darstellung aus der Firmeninformation zu Warmarbeitsstahl von voestalpine Böhler Edelstahl GmbH & Co KG, 2018)

Die Zähigkeit ist es, die es ermöglicht, infolge mechanischer oder thermischer Überbeanspruchung, bei Rissbildung durch thermische Ermüdung oder bei ungeeigneten Werkzeugquerschnitten die im Betrieb auftretenden Spannungsspitzen abzubauen und die Rissbildung und -ausbreitung zu verzögern. Und dies ist gerade beim Einsatz von Warmarbeitsstählen für Umformwerkzeuge und Druckgussformen wichtig, da Warmrisse und Spannungsrisse besonders bei Werkzeugen mit tiefen Gravuren, an Querschnittsübergängen und Kanten auftreten. Da bei Werkzeugstählen das plastische Umformvermögen nur in Verbindung mit einer gleichzeitig hohen Elastizitätsgrenze erwünscht ist, stellt diese auch das wesentliche Kriterium für die Bruchsicherheit von Werkzeugstählen dar (Kulmburg et al., 1994). Zusätzlich sind eine hohe Warmfestigkeit und Anlassbeständigkeit die Voraussetzungen für eine gute Formbeständigkeit der Werkzeuge. Die Abb. 3.7 zeigt in einer Übersicht die beschriebenen wichtigen Eigenschaften von Warmarbeitsstählen und deren Wirkung bzw. Nutzen.

Herstellung 4

Die Herstellung von Warmarbeitsstählen und der daraus gefertigten Werkzeuge umfasst die schmelz- oder pulvermetallurgische Erzeugung einschließlich der sekundärmetallurgischen Behandlungen, die Weiterverarbeitung zu Halbzeug und zu den Fertigprodukten (Werkzeugen), die Wärmebehandlungen und eventuell zusätzlich abschließende Oberflächenbehandlungen. Ob konventionelle oder umgeschmolzene Warmarbeitsstähle, für jede Qualität nutzen die Hersteller angepasste und sehr unterschiedliche Herstelltechnologien.

4.1 Schmelzmetallurgische Erzeugung

Legierte Werkzeugstähle, und so auch die Warmarbeitsstähle, werden heute in Elektrostahlwerken aus sortenreinem Schrott erzeugt (Ernst, 2009). Moderne Elektrostahlwerke arbeiten mit Lichtbogenöfen bei Chargengrößen bis zu 200 t. Im **L**icht**b**ogen**o**fen (LBO) bildet der Strom (meist Drehstrom) einen Lichtbogen zwischen den stromführenden Graphitelektroden und dem Schrotteinsatz. Dieser Lichtbogen schmilzt den Schrott durch die thermische Strahlung auf. Danach erfolgt der Abguss des Rohstahls in eine vorgewärmte Pfanne. In nachgeschalteten sekundärmetallurgischen Anlagen wird die weitere „Feinung" des noch flüssigen Rohstahls vorgenommen: Zulegieren bestimmter Legierungselemente, Homogenisierung der Schmelze, Senkung des Kohlenstoff- und Schwefelgehaltes, Einstellung der Gießtemperatur. Hierzu kommt für die hochwertigen, legierten Warmarbeitsstähle vorwiegend die Vakuumbehandlung im VOD-Konverter (Vacuum-Oxygen-Decarburization – Entkohlen unter Vakuum mit Sauerstoff) zum Einsatz. Nach Abschluss dieser Feinbehandlung, üblicherweise auch „Pfannenmetallurgie" oder „sekundärmetallurgische Behandlung"

J. Schlegel und T. Schneiders, *Warmarbeitsstahl*, essentials,
https://doi.org/10.1007/978-3-658-39541-4_4

genannt (Burghardt & Neuhof, 1982), wird die fertige Stahlschmelze als Blockguss oder Vorblockstrangguss vergossen.

Für besonders hohe Anforderungen hinsichtlich Reinheitsgrad und Homogenität (Reduzierung von Seigerungen, also von Entmischungen im Gussgefüge) kann ein Umschmelzen erforderlich werden. Elektro-Schlacke-Umschmelzanlagen (ESU) oder Vakuum-Lichtbogenöfen (VLBO) kommen zum Einsatz, um den bereits erschmolzenen, sekundärmetallurgisch behandelten und abgegossenen Stahl einem weiteren Reinigungsprozess zu unterziehen.

Beim ESU-Verfahren erfolgt das Umschmelzen in einer reaktiven Schlacke. Dabei werden unerwünschte Begleitelemente sowie nichtmetallische Einschlüsse reduziert, sodass ein verbesserter Reinheitsgrad entsteht, ohne dass die Grundzusammensetzung des Stahls geändert wird. Die kontrollierte vertikale Erstarrung führt zu dichten, sehr homogenen Blöcken (N.N., 1994).

Das Umschmelzen im **L**icht**b**ogenofen unter **V**akuum (LBV), auch VAR genannt nach dem Englischen **V**acuum-**A**rc-**R**emelting, führt ebenfalls zur Verbesserung des Reinheitsgrades. Eine Oxidation des erschmolzenen Materials wird verhindert und zusätzlich kann der Gehalt an gelösten Gasen wie Sauerstoff, Wasserstoff und Stickstoff (Trenkler & Kreiger, 1988) sowie der Gehalt von unerwünschten Spurenelementen reduziert werden (N.N., 1994). Zwar wird der Schwefelgehalt beim VAR nicht wesentlich reduziert, jedoch werden die Sulfide feiner verteilt (Trenkler & Kreiger, 1988).

Vergleicht man die Umschmelzverfahren ESU und VAR, so bietet ESU die niedrigeren Umschmelzkosten, eine intensivere Entschwefelung, eine höhere Flexibilität der Blockgewichte aufgrund der Möglichkeit eines schnellen Elektrodenwechsels sowie eine höhere Güte der Blockoberfläche. Blöcke, die unter Vakuum (VAR) umgeschmolzen wurden, weisen minimale Gasgehalte, reduzierte Gehalte an Spurenelementen wie Blei, Wismut und Tellur, niedrigere Mikroseigerungen in der Blockmitte sowie eine präzisere Einstellung der chemischen Zusammensetzung auf (N.N., 1994).

Am Beispiel des Warmarbeitsstahls 1.2367 (X38CrMoV5-3) können die Auswirkungen des Umschmelzens auf Reinheitsgrad und Zähigkeit verdeutlicht werden. Der im Blockgießen erzeugte Stahl erreicht bezüglich des Reinheitsgrades K0-Werte nach DIN 50602 zwischen 10 und 50. Der elektroschlacke umgeschmolzene Stahl weist K0-Werte zwischen 5 und 20 auf, während eine vakuumumgeschmolzene Variante dieses Stahls Werte von unter 6 zeigt. Mit dieser Erhöhung des Reinheitsgrades und dem gleichzeitigen Abbau von Seigerungen wird die Zähigkeit gesteigert. Die VAR-Variante kommt dementsprechend im Schlagbiegeversuch auf die höchsten Zähigkeitswerte von bis zu 500 J/cm^2.

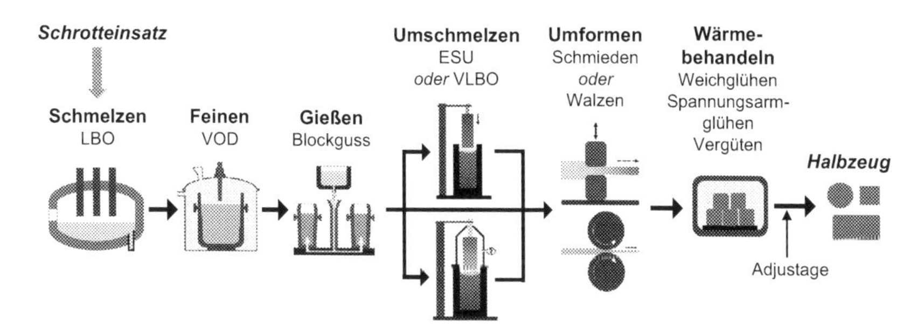

Abb. 4.1 Prozessroute der schmelzmetallurgischen Herstellung von Warmarbeitsstählen und deren Weiterverarbeitung zu Werkzeugen

Der ESU-Stahl erreicht immerhin noch mehr als 400 J/cm^2, während die blockgegossene Variante Schlagbiegezähigkeiten von nur ca. 100 J/cm^2 aufweist (Jung, 2003).

Nach dem Gießen und einem eventuell ausgeführten Umschmelzen erfolgt das Warmumformen (Schmieden, Walzen) der Gussblöcke zu Halbzeug Rund, Vierkant oder Flach. Bei dieser Warmumformung und der damit verbundenen Wärmeeinbringung werden eventuelle noch vorhandene Seigerungen ausgeglichen und die ausgeschiedenen Karbide wieder weitestgehend aufgelöst (Gümpel, 1983). Die Abb. 4.1 zeigt vereinfacht die komplette Prozessroute der schmelzmetallurgischen Erzeugung von Warmarbeitsstählen einschließlich der Weiterverarbeitung zu Halbzeug und der Wärmebehandlung.

4.2 Pulvermetallurgische Erzeugung

Seit den 1960er Jahren werden Werkzeugstähle im industriellen Maßstab pulvermetallurgisch hergestellt (Grinder, 1999), wobei Warmarbeitsstähle erst seit den 1980er Jahren auf diese Weise erzeugt werden (Bayer & Seilstorfer, 1984). Im Vergleich zur schmelzmetallurgischen Herstellung bietet die kostenintensivere pulvermetallurgische Fertigung einige Vorteile. So nimmt z. B. die Warmumformbarkeit von schmelzmetallurgisch erzeugten Werkzeugstählen mit zunehmendem Legierungsgehalt ab. Für pulvermetallurgisch hergestellte Blöcke gibt es dagegen für wesentlich größere Legierungsbereiche keine Umformbarkeitsgrenzen (Wilmes, 1990). Grund hierfür ist das homogene, seigerungsfreie, feine Gefüge mit gleichmäßig verteilten, kleinen Karbiden im Mikrometerbereich.

Die pulvermetallurgische Produktionsroute begann zunächst mit dem Erschmelzen, dem Pulververdüsen unter Inertgas, der Kapselung des Pulvers und dem anschließenden heißisostatischen Pressen (Verdichten). Später kamen noch weitere pulvermetallurgische Prozessrouten hinzu, wie z. B. das Vakuum- oder Flüssigphasensintern (Grinder, 1999). Letztlich hat sich die **h**eiß**i**sostatische **P**resstechnik (**HIP**-Technik) auch für die Herstellung von Warmarbeitsstählen durchgesetzt, wenn auch nur in geringem Ausmaß. Nur diese Prozessroute soll nachfolgend erwähnt werden, also die drei Hauptschritte Herstellung der Metallpulver, Formgebung/Verdichten der Pulver (HIP-Prozess) und Wärmebehandlung/Sintern.

Die Pulverherstellung beginnt mit der Erzeugung einer Schmelze im Induktionsofen. Die gewünschte chemische Zusammensetzung wird durch Einsatz von Schrott in Kombination mit un- und niedriglegierten Stählen, durch Legierungselemente und durch pulvermetallurgisch erzeugtes Rücklaufmaterial eingestellt, kontrolliert und gegebenenfalls korrigiert (Bockholt, 2002). Die fertige Stahlschmelze wird in einen Gießverteiler geleitet, wo die Abscheidung von nichtmetallischen Schlacken erfolgt und so der Reinheitsgrad verbessert wird. Am Boden des Verteilers ist eine Düse angebracht, durch die die Schmelze ausströmt und mittels Stickstoff zerstäubt wird. Das erzeugte Pulver weist eine kugelige Form auf und kann sofort in Kapseln gefüllt, zu einer Vorform bis fast an die theoretische Dichte verdichtet und gleichzeitig gesintert werden. Dies erfolgt mittels des heißisostatischen Pressens in einer beheizbaren Druckkammer unter Schutzgas (Argon) bei Temperaturen um 1150 °C und Drücken um 100 MPa. Die Abb. 4.2 zeigt vereinfacht diesen speziellen HIP-Prozess.

Die Pulververdichtung beruht auf Diffusionsvorgängen zwischen den Pulverkörnern (Oberflächen-, Grenzflächen- und Gitterdiffusion) sowie auf plastischer Umformung. Die durch den HIP-Prozess erzeugten Warmarbeitsstahlblöcke werden durch Schmieden oder Warmwalzen zu Halbzeug umgeformt. Zur Weiterbearbeitung bis zu den gewünschten Endprodukten, z. B. den Formwerkzeugen für das Druckgießen oder den Schmiedegesenken, kommen Zerspanungsverfahren, thermische Behandlungen (Vergüten) sowie Oberflächenbehandlungen (Beschichtungen) zur Anwendung. Während sich die pulvermetallurgisch hergestellten Kalt- und Schnellarbeitsstähle mittlerweile auf dem Markt behaupten konnten, ist die Anwendung von pulvermetallurgischen Warmarbeitsstählen auf wenige spezielle Anwendungen beschränkt (Schneiders, 2005).

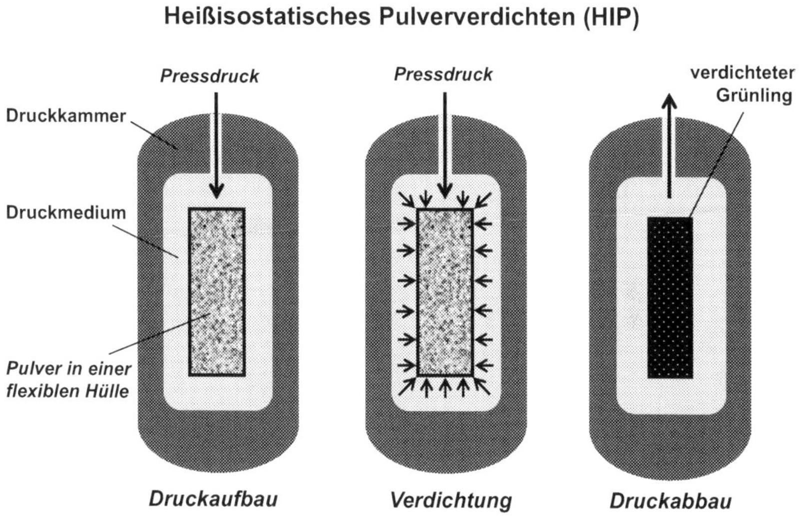

Abb. 4.2 Prinzip des Verfahrens zum heißisostatischen Pulververdichten (HIP-Prozess)

4.3 Weiterverarbeitung

Das metallurgisch erzeugte und durch Umformen hergestellte Halbzeug aus Warmarbeitsstahl wird mit Verfahren der Fertigungstechnik zu einem Warmarbeitswerkzeug weiterverarbeitet, also zu einem exakt hinsichtlich Form, Abmessungen, Maßtoleranzen, Oberflächengüte und mechanisch-technologischer Eigenschaften definierten Produkt. In der Regel kommen hierzu verschiedene Verfahren der Fertigungstechnik zur Anwendung. Diese sind mechanische, wie die spanabhebenden Verfahren Drehen, Fräsen, Hobeln/Stoßen, Bohren sowie Schleifen und auch thermische Verfahren, wie das funkenerosive Senk- und Drahterodieren, um die gewünschten Konturen in einem Druckgussformwerkzeug, in einer Strangpressmatrize oder in einem Schmiedegesenk zu erzeugen. Mit solch einer Verarbeitung beginnt bereits eine vielfältige Beanspruchung der Werkzeuge, die eventuell auch zu Schädigungen führen kann. So wird bei der mechanischen Bearbeitung die Randschicht des Werkzeugs erwärmt, plastisch verformt und mit Eigenspannungen versehen. Aufgrund der hohen Anlasstemperatur von Warmarbeitswerkzeugen ist jedoch mit einer Erweichung durch die erhöhten

Temperaturen bei einer spanenden Bearbeitung nicht zu rechnen. Eine Entspannungsbehandlung zum Abbau von Verfestigungen und Eigenspannungen ist immer zu empfehlen. Auch ist stets auf eine geringe Oberflächenrauheit zu achten, da Bearbeitungsriefen bevorzugte Ausgangspunkte für Ermüdungsrisse darstellen (Berns, 2004).

Bei einer funkenerosiven Bearbeitung wird die Werkzeugoberfläche durch elektrische Entladungen tröpfchenweise abgeschmolzen. Die verbleibende Randschicht besteht aus einer äußeren, aufgeschmolzenen und wieder erstarrten sowie einer inneren Wärmeeinflusszone. Die aufgeschmolzene Randschicht kann unter Umständen rissbehaftet sein. Um hier eine Schädigung im Betrieb auszuschließen, empfiehlt es sich, diese Schmelzzone mechanisch zu entfernen und auch das Werkzeug zu entspannen (Becker & Kiel, 1983).

4.4 Wärmebehandlung

Während der Herstellung und nach Fertigstellung der Warmarbeitswerkzeuge erfolgen Wärmebehandlungen. Diese umfassen als Zwischenwärmebehandlungen die Glühverfahren ***Diffusionsglühen, Weichglühen*** und ***Spannungsarmglühen*** sowie als Schlusswärmebehandlungen das ***Vergüten*** (Härten und Anlassen). Maßgebend sind dabei die Einflussfaktoren Erwärmung (Erwärmungs- und Haltezeit), Temperatur, Atmosphäre (Luft, Vakuum, Schutzgas) und Abkühlung (Abkühlgeschwindigkeit). Diese bewirken in unterschiedlichen Kombinationen und Abfolgen eine Veränderung im Stahlgefüge (Ausscheidungen und Wechsel der Gefügephasen, Änderung ihrer Mengenanteile, ihrer Anordnung, Form- und Zusammensetzung), wodurch die gewünschten Eigenschaften eingestellt werden (Weißbach, 2007). Die Abb. 4.3 zeigt hierzu die Temperaturbereiche der erwähnten Wärmebehandlungsverfahren für Warmarbeitsstähle, eingetragen im vereinfachten Eisen-Kohlenstoff-Diagramm.

Ausgehend von diesen Temperaturbereichen der unterschiedlichen Wärmebehandlungsverfahren zeigt die Abb. 4.4 vergleichsweise die zugehörigen Zeit-Temperatur-Kurven.

Nicht nur die Zielhärten am fertigen Warmarbeitswerkzeug werden wärmebehandlungstechnisch eingestellt, sondern auch weitere mechanische Eigenschaften, wie zum Beispiel die Warmzähigkeit und die Temperaturwechselbeständigkeit. Und betrachtet man dazu auch die oft sehr groß dimensionierten Werkzeuge, so wird schnell klar, dass an den Wärmebehandlungsprozessen sehr spezielle Anforderungen gestellt werden.

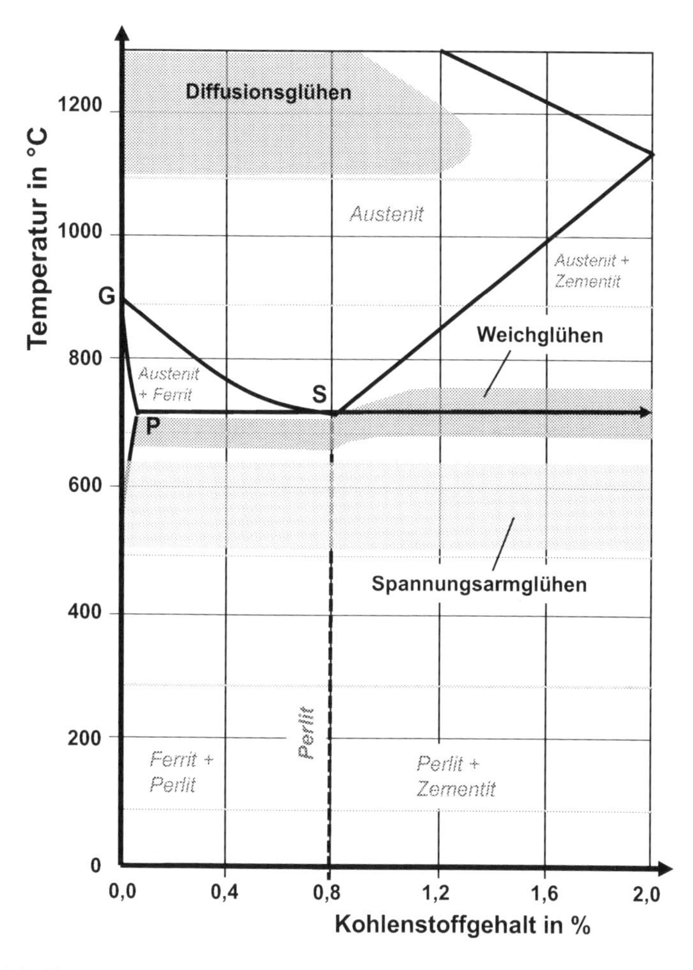

Abb. 4.3 Temperaturbereiche der Wärmebehandlungsarten, dargestellt im vereinfachten Eisen-Kohlenstoff-Diagramm

Weichglühen

Der Auslieferungszustand für Warmarbeitsstähle zur Herstellung von Werkzeugen ist der weichgeglühte, gut bearbeitbare Zustand. Die sogenannten Glühhärten liegen dabei je nach Legierung im Bereich von 210 bis ca. 320 HB. Das Weichglühen erfolgt üblicherweise bei Temperaturen im Bereich von 650 bis 750 °C, hierbei stets

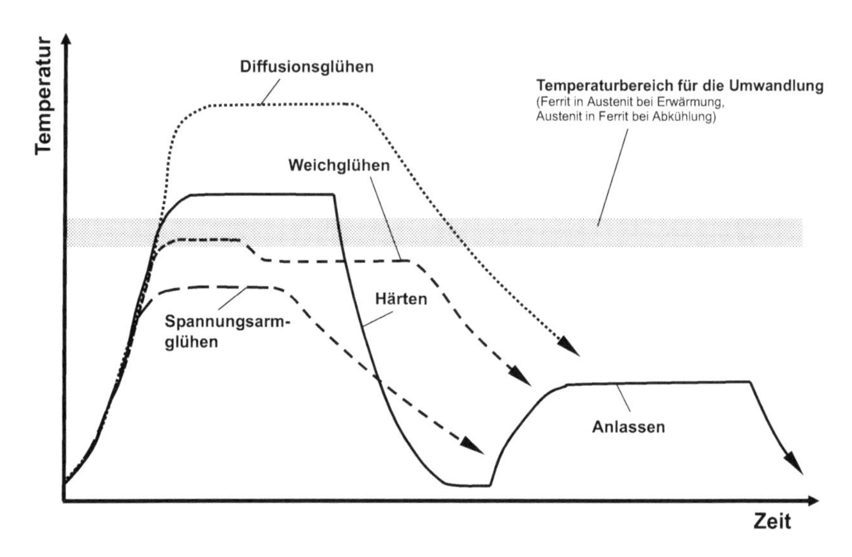

Abb. 4.4 Zeit-Temperatur-Kurven für verschiedene Wärmebehandlungsverfahren

mit Temperaturspannen von ca. 30 bis 50 K. Die Haltezeiten betragen meistens mehr als 4 h, abhängig auch von der Werkstückgröße. Wichtig ist eine langsame Ofenabkühlung bis 500 °C, danach kann weiter an Luft abgekühlt werden. So entsteht im Warmarbeitsstahl ein Gefüge aus ferritischer Matrix mit kugelig eingeformten Karbiden (Schruff, 1989), siehe Beispiel in Abb. 3.2.

Konkrete Weichglühparameter für einzelne Warmarbeitsstähle sind den Datenblättern unter Kap. 6: *Werkstoffdaten* zu entnehmen.

Diffusionsglühen

Ein Diffusionsglühen wird zur Verminderung von Gefügeinhomogenitäten (lokale, durch Seigerungen entstandene Unterschiede in der chemischen Zusammensetzung von Stählen) eingesetzt. Daher stammen auch die gebräuchlichen Bezeichnungen Homogenisierungsglühen oder Ausgleichsglühen (https//wikipedia.org/wiki/Glühen). Mit dieser Wärmebehandlung kann die Seigerungszeiligkeit verringert und somit die Zähigkeit erhöht werden.

Da Diffusionsprozesse stark temperatur- und zeitabhängig verlaufen, ist ein Erwärmen auf sehr hohe Temperaturen (ca. 1100 und 1300 °C) erforderlich, siehe Abb. 4.3. Dazu kommen sehr lange Haltezeiten, unter Umständen bis zu 50 h. Die Abkühlung hat langsam zu erfolgen. Solch ein Diffusionsglühen ist wegen der hohen Temperaturen und den langen Glühzeiten sehr aufwendig und kostenintensiv. Es wird vorwiegend dann eingesetzt, wenn beim Blockguss Seigerungen im Gefüge abgebaut werden sollen. Wegen der hohen Zunderverluste wird das Diffusionsglühen in der Regel vor dem Warmumformen durchgeführt.

Vergüten (Härten und Anlassen)

Die Einstellung der gewünschten Gebrauchseigenschaften der Warmarbeitswerkzeuge erfolgt nach der Bearbeitung durch Vergüten. Als „Vergüten“ wird die Kombination der Verfahren Härten und Anlassen im oberen möglichen Temperaturbereich bezeichnet. Diese Schlusswärmebehandlungen sichern neben der hohen Härte gleichzeitig die notwendige Zähigkeit. Die gewünschten Gebrauchseigenschaften werden eingestellt.

Härten

Das Härten dient der Erhöhung der mechanischen Widerstandsfähigkeit (Härte, Festigkeit) des Stahls durch eine gezielte Änderung des Gefügezustandes durch Umwandlungshärten (https://de.wikipedia.org/wiki/Härten_(Eisenwerk stoff)). Dieses Härteverfahren funktioniert deshalb, weil der zu härtende Stahl bei Erwärmung und Abkühlung eine Gefügeumwandlung Ferrit in Austenit bzw. Austenit in Ferrit zeigt. Da die Abkühlung jedoch sehr stark als schnelle Abschreckung mit angepassten Abkühlmedien Wasser, Öl, Polymer oder Luft erfolgt, entsteht das spröde Härtegefüge Martensit. Je größer die Unterkühlung bzw. je stärker die Abschreckwirkung, desto mehr Martensit wird gebildet. Charakteristisch sind die nadelförmigen Strukturen des Martensitgefüges, wie sie in der Abb. 3.3 erkennbar sind.

Für das Härten wird zunächst der Warmarbeitsstahl bzw. das daraus gefertigte Werkzeug auf eine Glühtemperatur oberhalb der Umwandlungstemperatur erwärmt. Diese liegt je nach Legierungszusammensetzung der Warmarbeitsstähle im Bereich von ca. 850 bis 1100 °C. Nach einer definierten Haltezeit ist bei dieser Temperatur die „Austenitisierung“, also die Umwandlung des ferritischen Ausgangsgefüges erfolgt. Deshalb wird diese Umwandlungstemperatur in der Praxis auch „Austenitisierungstemperatur“ genannt. Gleichzeitig löst sich ein Großteil der Karbide auf, die im Ausgangsgefüge (Weichglühzustand) kugelig eingeformt vorlagen und ein Großteil des Kohlenstoffs liegt nun in gelöster Form in der metallischen Matrix vor. In der Regel wird bei Warmarbeitsstählen die Temperatur so gewählt, dass ein Zweiphasengebiet aus Austenit und nicht aufgelösten Glühkarbiden vorliegt (siehe *Thermo-Calc-Schaubild,* Software für thermodynamische Berechnungen von Phasengleichgewichten). Dieser Gefügezustand wird nun abgeschreckt, um das martensitische Grundgefüge zu erzeugen. Dieses entsteht, weil infolge der raschen

Abkühlung keine Zeit für eine geordnete Rückumwandlung von Austenit in Ferrit gegeben ist. Der im Austenit gelöste Kohlenstoff bleibt im Mischkristall „zwangsgelöst", wodurch Verzerrungen des Gitters und somit Härten im Bereich von ca. 55 bis 65 HRC entstehen können. Dies wird aber nur dann erreicht, wenn die rasche Abkühlung mit einer an die Legierungszusammensetzung angepassten Abkühlgeschwindigkeit vorgenommen wird. In der Praxis wird sie als die „kritische Abkühlgeschwindigkeit" bezeichnet. Diese Werkstoffkonstante ist dem zugehörigen Zeit-Temperatur-Umwandlungs-Diagramm (ZTU-Diagramm) zu entnehmen und zeigt an, welche Abkühlgeschwindigkeit mindestens zur Martensitbildung notwendig ist. Davon ausgehend kann dann nach ökologischen und ökonomischen Gesichtspunkten das Abschreckmedium Luft, Öl, Polymer oder Wasser (in dieser Reihenfolge mit steigender Abschreckwirkung) so ausgewählt werden, dass möglichst kein Verzug und keine Rissbildung im Härtegut entstehen. Dabei sollte für die Wahl der Abschreckgeschwindigkeit gelten: *„So schnell wie nötig und so langsam wie möglich!"*.

Beim Abschrecken kommt es neben der martensitischen Umwandlung des Stahls wieder zur Ausscheidung von Karbiden. Deshalb besteht nach dem Abschrecken das Härtegefüge aus Martensit und teils noch aus Restaustenit, aus den ausgeschiedenen Karbiden sowie aus nichtaufgelösten Glühkarbiden (Gümpel & Hoock, 1984).

Anlassen

Unmittelbar nach dem Härten erfolgt das Anlassen, meist zwei- oder dreimalig. Es dient der Verbesserung der Zähigkeit und Maßstabilität gehärteter Werkstücke. Diese werden erneut erwärmt und unterschiedlich lange auf Anlasstemperatur gehalten. Vor allem Härtespannungen werden dabei abgebaut. Der spröde Martensit wird in ein Gefüge mit etwas geringerer Härte, dafür aber mit etwas höherer Zähigkeit umgewandelt. Allgemein wird ein Stahl beim Anlassen umso weicher, je höher er erwärmt wurde (https://de.wikipedia.org/wiki/Anlassen). Für jeden Stahl gibt es hierzu sogenannte Anlass-Schaubilder, die den Härteverlauf mit zunehmender Anlasstemperatur aufzeigen, vergleiche hierzu Abb. 3.6.

Interessant ist der Härteverlauf beim Anlassen von einigen Warmarbeitsstählen. Zunächst tritt ein geringer Härteabfall ein, der auf ein Entspannen des Martensitgitters zurückzuführen ist. Bei Anlasstemperaturen oberhalb von etwa 450 °C entstehen feinste Sonderkarbide (Größe von 3 bis 10 nm) der Elemente Chrom, Molybdän und Vanadium (Kulmburg, 1998). Diese Karbide führen einerseits zu einer Ausscheidungshärtung, andererseits verarmt der Restaustenit an Kohlenstoff, sodass die Umwandlungstemperatur sinkt. Auf diese Weise kann sich der verbliebene Restaustenit beim Abkühlen nach dem ersten Anlassen in Martensit umwandeln. Dieser härtet beim zweiten Anlassen durch erneute Sonderkarbidausscheidung aus. Das

Gefüge der vergüteten Warmarbeitsstähle besteht also aus angelassenem Martensit mit nicht aufgelösten Glühkarbiden sowie feinsten Sonderkarbiden.

Spannungsarmglühen

Um eine verzugsarme Weiterverarbeitung zu gewährleisten und das Auftreten eventueller Härterisse zu vermeiden, wird deshalb bei fast allen Stählen ein Spannungsarmglühen, oft schon vor dem Härten, vorgenommen. Innere Spannungen im Halbzeug oder im fertig bearbeiteten Werkzeug sind nicht sichtbar; in Abhängigkeit von der Vorgeschichte der Herstellung aber meist vorhanden. So verursachen eine mechanische Bearbeitung (im weichen Zustand vor dem Härten oder Hartbearbeitung im vergüteten Zustand), eine eventuell ungleichmäßige Abkühlung nach dem Vergüten oder ein Richtvorgang Spannungen im Werkstoff. Ohne ein Spannungsarmglühen würden sich diese Spannungen beim Härten, bei der Weiterverarbeitung und schließlich bei der Anwendung lösen und zu geometrischen Abweichungen (Verzug) und unter Umständen auch zu Rissen führen. In der Praxis wird deshalb während und nach einer mechanischen Bearbeitung, also vor dem Vergüten, unter Umständen ein Spannungsarmglühen vorgenommen. Da der Effekt des Abbaus innerer Spannungen auch beim nach dem Härten notwendigen mehrmaligen Anlassen eintritt, ist meistens ein zusätzliches Spannungsarmglühen nach dem Anlassen nicht bzw. nur selten notwendig.

Generell erfolgt die Erwärmung beim Spannungsarmglühen auf Temperaturen um 500 bis 650 °C, die stets ca. 30 bis 50 °C unter der Anlasstemperatur des jeweiligen Warmarbeitsstahls liegen. Dadurch werden Gefüge- und somit Eigenschaftsänderungen vermieden. Nach einer Haltezeit üblicherweise von 2 bis 4 h, die sich an der Baugröße des zu behandelnden Teils orientiert, erfolgt ein sehr langsames Abkühlen im Ofen.

Der Ablauf der beschriebenen Wärmebehandlungsprozesse Spannungsarmglühen, Härten und Anlassen zeigt schematisch die Abb. 4.5 als Darstellung der Zeit-Temperatur-Folge für ein Beispiel, bei dem das Spannungsarmglühen vor dem Härten ausgeführt wird.

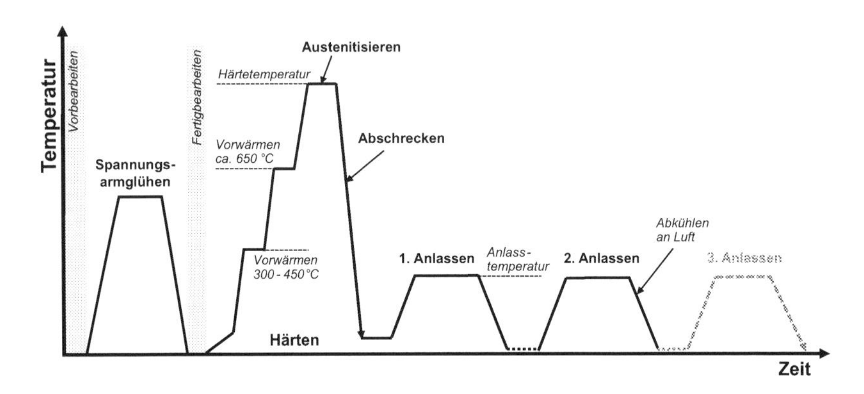

Abb. 4.5 Zeit-Temperatur-Folge für das Spannungsarmglühen sowie Vergüten von einem Warmarbeitsstahl, vereinfachte Darstellung nach (Schruff, 2002)

4.5 Oberflächenbehandlung

Eine Oberflächenbehandlung am fertig bearbeiteten Werkzeug hat immer mit einer Strukturierung bzw. Modifizierung zu tun, um gezielt Eigenschaftsänderungen zu bewirken. Diese Maßnahme wird dann zur Erhöhung der Verschleißbeständigkeit durchgeführt, wenn die des Warmarbeitsstahls allein für den Gebrauch des betreffenden Werkzeugs nicht ausreichend ist. Hierzu kommen zum Einsatz:

- *Änderung der Eigenschaften des Werkstoffes durch eine thermochemische Behandlung (Nitrieren)*
- *Aufbringen einer verschleißmindernden Schicht an der Werkzeugoberfläche (Auftragsschweißen)*

Neben den Oberflächenbehandlungsverfahren mit dem Ziel der Erhöhung der Verschleißbeständigkeit neuer Werkzeuge werden verschlissene Werkzeuge aufgearbeitet. Diese Aufarbeitung erfolgt mittels Aufschweißen von neuem Verschleißmaterial, durch Nachbearbeitung der Formkonturen sowie durch Reparaturschweißen von Rissen.

Bei allen Oberflächenbehandlungen an den fertig bearbeiteten Werkzeugen ist darauf zu achten, dass die hierzu notwendigen Verfahrenstemperaturen nicht höher sind als die vorher gewählte Anlasstemperatur für den verwendeten Warmarbeitsstahl. Nur so wird ein Härte- bzw. Festigkeitsverlust des Grundwerkstoffes vermieden.

Nitrieren

Das *Nitrieren* bzw. die *Nitrierung* ist ein spezielles Verfahren zum Oberflächenhärten von Stahl. Etwas exakter, vor allem chemisch korrekt formuliert, handelt es sich hierbei eigentlich um ein *Nitridieren,* also um eine Anreicherung von Stickstoff („Aufsticken“) in der Werkzeugoberfläche durch eine thermochemische Behandlung bei ca. 500 bis 590 °C in stickstoffhaltigen Gasen (Gas- oder Plasmanitrieren) oder in Salzbädern bei Behandlungszeiten von einer Stunde bis zu 100 h. Dabei dringt der Stickstoff durch Diffusion in die Bauteiloberfläche ein und es werden extrem harte und verschleißbeständige, nitridhaltige Schichten ausgebildet, die je nach Behandlung 0,2 bis 0,5 mm dick sein können. Der Kernbereich des zu behandelnden Werkzeugs bleibt unverändert ausreichend zäh. Die Vorteile des Nitrierens bestehen darin, dass bei dieser Behandlung keine Gefügeumwandlungen auftreten, die erzeugte harte Oberfläche einen höheren Verschleißwiderstand bietet sowie die Neigung des Warmarbeitswerkzeugs zum Kleben und Verschweißen mit dem Umformgut vermindert wird. Vor einer Nitrierbehandlung sollten vorhandene Eigenspannungen im Werkzeug durch Spannungsarmglühen abgebaut werden (N.N., 2018).

Auftragsschweißen

Beim Auftragsschweißen als ein thermisches Behandlungsverfahren werden auf die Werkstückoberfläche verschleißbeständige Schichten aufgetragen und metallurgisch mit dem Grundwerkstoff verbunden. In der Praxis findet man hierfür gelegentlich auch den Begriff der „Aufpanzerung“. Je nach Verwendungszweck der Warmarbeitswerkzeuge kommen für das Beschichten das klassische Lichtbogenschweißen, das Laser- oder Plasma-Pulver-Auftragsschweißen zum Einsatz. Auch für Reparaturschweißungen an Flächen und Kanten/Radien der Werkzeuge kommen diese Verfahren zur Anwendung.

5 Anwendungen

Der beschriebene *Werkzeugstahl für die Warmarbeit* wird für die spanlose Formgebung von Metallen bei Oberflächentemperaturen des Werkzeugs oberhalb von 200 °C eingesetzt. Die Werkstücktemperaturen können dabei zwischen 400 und 1200 °C liegen. Dabei widersteht er den dabei auftretenden mechanischen, verschleißenden sowie auch thermischen Beanspruchungen beim Werkzeugeinsatz. Davon ausgehend werden aus Warmarbeitsstahl eine Vielzahl von Werkzeugen zum Warmumformen und Druckgießen gefertigt:

- *Schmieden: Schmiedesättel für das Freiformschmieden, Hammer- und Pressgesenke, Werkzeuge für Schmiedemaschinen, Dorne für das Gesenkschmieden, Abgratmatrizen, Werkzeuge zum Presshärten*
- *Strangpressen: Pressmatrizen, Matrizenhalter, Pressstempel, Pressscheiben, Dorne, Innen- und Zwischenbüchsen, Rezipientenmäntel*
- *Fließpressen: Fließpressmatrizen, -gesenke, Presstempel, Dorne*
- *Walzen: Block-, Profil-, Stauch-, Biegewalzen, Walzringe, Pilgerwalzdorne, Rollen, Dornstangen*
- *Warmtrennen: Warmschermesser, Warmschnittplatten, Warmstanzwerkzeuge, Warmlochstempel*
- *Druckgießen: Druckkammern, Kolben, Druckgussformen, Auswerferstifte*
- *Spritzgießen: Formwerkzeuge aus Kunststoffformenstähle – siehe gesondertes essential*
- *Sonstige Anwendungen: Werkezuge für die Glasherstellung, die Metallpulververarbeitung wie Sinterpresswerkzeuge, Maschinenbauteile für Gasturbinen, Umwelttechnik, Messgeräte, Armaturen, Teile für Dieselkraftstoffpumpen, Drucklufthämmer u. v. a. m.*

J. Schlegel und T. Schneiders, *Warmarbeitsstahl*, essentials,
https://doi.org/10.1007/978-3-658-39541-4_5

W.-Nr.	Kurzname	Glühhärte HB max.	Härte HRC min.	Anwendungen
				Martensitische Warmarbeitsstähle
1.1750	C75W	217	62	Kleine, mittlere Gesenke, Warmscheren, Nietstempel, Abgratwerkzeuge, Profil- und Schlichtsättel
1.2082	X21Cr13	200	(1570)*	Leichtmetall-Kokillenwerkzeuge, Kolben, Druckkammern und Düsen für Lleichtmetallverarbeitung
1.2083	X40Cr14	241	52	Druckkammern und Kolben für Leichtmetall-Druckguss mit guter Polierbarkeit
1.2309	65MnCrMo4	(740)*	(2450)*	Blockwalzen für Stahl, Vorwalzen für Profilwalzwerke, Stauch-, Biegewalzen, Warmwalzringe
1.2311	40CrMnMo7	230	(1770)*	Beheizte Rezipientenmäntel und Zwischenbüchsen in Strangpressen, Matrizenhalter und -einsätze
1.2312	40CrMnMoS8-6	220	51	Hochfeste Formenrahmen für Kunststoffverarbeitung, Werkzeuge für spanlose Formgebung
1.2313	21CrMo10	200	(1670)*	Kammern für Druckgießmaschinen, kalt einzusenkende Druckgussformen und ähnliche Werkzeuge
1.2323	48CrMoV6-7	220	52	Rezipientenmäntel, Zwischenbüchsen, Matrizenhalter für Strangpressen und Spritzgussformen
1.2329	46CrSiMoV7	230	54	Matrizen, Formen, Behälter für Druckgussformen, Hülsen für Strangpressen (hohe Arbeitstemp.)
1.2340	X36CrMoV5-1	200	51	Universell verwendbarer Warmarbeitsstahl für Strangpress- und Druckgusswerkzeuge
1.2342	X35CrMov5-1-1	230	(1850)*	Dornstangen, Druckgießformen, Strangpresswerkzeuge
1.2343	X37CrMoV5-1	229	48	Druckgieß-, Strangpresswerkzeuge, Kunststoffformen, Auswerferstifte, Schmiedegesenke
1.2344	X40CrMoV5-1	229	50	Kunststoffspritzgieß-, Strangpress-, Warmfließpresswerkzeuge, Auswerfer, Druckgussformen
1.2345	X50CrMoV5-1	229	60	Warmstreckrollen, Scherenmesser, Dorne, Stempel, Drucklufthammer- und Piercing-Werkzeuge
1.2355	50CrMoV13-15	248	56	Kalt- und Warmumformwerkzeuge, Druckgussformen, Pulvermetallmatrizen, Biege-, Stanzformen
1.2357	50CrMoV13-14	248	56	Schneidwerkzeuge wie Scherenmesser, Teile für Dieselkraftstoffpumpen und Drucklufthämmer
1.2360	X48CrMoV8-1-1	240	60	Pressen-, Fließpressgesenke, Gesenkeinsätze mit sehr guter Druckfestigkeit
1.2362	X63CrMoV5-1	225	63	Warmschnittplatten, -stempel, -scherenmesser, Auswerfer, Abgratmatrizen
1.2365	32CrMoV18-28	229	46	Druckgussformen, Rezipienteninnenbüchsen für Schwermetalle, Pressscheiben, Press-, Lochdorne
1.2367	X38CrMoV5-3	229	50	Hochwertige Gesenke, Werkzeuge für Schrauben-, Muttern-, Nieten-, Bolzenherstellung
1.2564	30WCrV15-1	230	52	Schrauben-, Muttern-, Nietmatrizen, Loch-, Pressdorne, Pressscheiben für NE-Metallverarbeitung
1.2567	30WCrV17-2	240	52	Innenbüchsen, Pressstempel, Pressscheiben, Dorne, Matrizen für Schwer- und Leichtmetall
1.2581	X30WCrV9-3	241	48	Rezipienteninnenbüchsen, Pressdorne, -matrizen, Druckgussformen, Schrauben-, Mutternmatrizen
1.2603	45CrVMoW5-8	240	52	Warmscherenmesser, Innenbüchsen, Pressscheiben für Metallstrangpressen, Stauchwerkzeuge
1.2605	X35CrWMoV5	229	48	Warmarbeitswerkzeuge wie Schmiede-, Druckguss-, Stranggusswerkzeuge, Warmscheren, Walzen
1.2606	X37CrMoW5-1	230	58	Strangpress-, Presswerkzeuge, Schmiede-, Formteilpressgesenke, Druckgussformen für Leichtmetall
1.2622	X60WCrMoV9-4	270	57	Lochdorne, Rohrpressdorne für Schwermetallverarbeitung
1.2662	X30WCrCoV9-3	250	52	Teile, die bei Warmumformung nicht gekühlt werden: Schieber, Pressdorne, Druckgussformen
1.2678	X45CoCrWV5-5-5	260	47	Warmfließpressmatrizen, Dorne, Stempel, Gesenk- und Gesenkeinsätze, Messingdruckgussformen
1.2709	X3NiCiMoTi18-9-5	323	55	Werkzeuge mäßiger thermischer Belastung, Druckgießformen für Leichmetalllegierungen
1.2711	54NiCrMoV6	240	56	Kunststoffformen, Schneidwerkzeuge, Drucklufthammerteile, Teile für Diesel-Kraftstoffpumpen
1.2713	55NiCrMoV6	248	54	Gesenke aller Art, Einsätze und Stempel für Schraubenfertigung, ähnliche Werkzeuge
1.2714	55NiCrMoV7	248	42	Kleinere Gesenke, Pressstempel, Stempelköpfe für Strangpressen, Formteilpressgesenke
1.2726	26NiCrMoV5	240	(1670)*	Pilgerwalzdorne, Kunststoffformen, Formplatten, Kalteinsenk-, Spritzgieß-, Präge-, Biegewerkzeuge
1.2738	40CrMnNiMo8-6-4	235	52	Kunststoffspritzgussformen mit tiefen Gravuren, z. B. für Stoßfänger, Armaturentafeln
1.2740	28NiCrMoV10	240	49	Pilgerwalzdorne, Warm- und Kaltschneidwerkzeuge, Teile für Messgeräte
1.2743	60NiCrMoV12-4	235	61	Schmiede-, Pressgesenke aller Größen
1.2744	57NiCrMoV7-7	250	(2300)*	Gesenke für Fall-, Doppelschlaghämmer, Pressgesenke für Leichtmetall
1.2747	28NiMo17	258	(1860)*	Pilgerwalzdorne
1.2766	35NiCrMo16	260	(1770)*	Formteil-, Schlaggesenke, Warmwalzringe, Innenbüchsen für Strangpressen, Stauchwerkzeuge
1.2767	45NiCrMo16	285	52	Warmpress-, Kalteinsenk-, Spritzgieß-, Umform-, Biege-, Prägewerkzeuge, Schermesser, Stanzen
1.2787	X23CrNi17	245	48	Formwerkzeuge für Glasverarbeitung, Pumpenwellen, Teile für Lebensmittelindustrie
1.2885	X32CrMoCoV3-3-3	230	54	Druckgieß-, Warmpress-, Strangpresswerkzeuge für Schwermetalle
1.2886	X15CrCoMoV10-10-5	320	50	Hochbeanspruchte Warmarbeitswerkzeuge: Pressdorne, Pressmatrizen, Warmfließpresswerkzeuge
1.2888	X20CoCrWMo10-9	320	52	Extrem warmbeanspruchte Gravureinsätze, Warmpress-, Warmfließpress-, Druckgießwerkzeuge
1.2889	X45CoCrMoV5-5-3	240	54	Anwendungen mit höchsten Anforderungen an Warmfestigkeit, Anlass- und Verschleißbeständigkeit
1.2999	X45MoCrV5-3-1	230	57	Schmiedegesenke, -dorne für Schnellschmiedemaschinen, Druckgusswerkzeuge für Schwermetalle
				Austenitische Warmarbeitsstähle
1.2731	X50NiCrWV13-13			Höchstbeanspruchte Pressmatrizen zum Strangpressen von Schwermetallen
1.2779	X6NiCrTi26-15			Innenbüchsen zum Strangpressen von Schwermetallen, Schmiede-, Druckgussformen
1.2782	X16CrNiSi25-20			Walzen für Glasverarbeitung (ausgezeichnete Zunder-, Korrosionsbeständigkeit und Warmfestigkeit)
1.2786	X13NiCrSi36-16			
				Nickel-Sonderwerkstoffe
2.4668	NiCr19Fe19Nb5Mo3		(1400)*	Werkzeuge zum Strangpressen von Schwermetallen, wie Matrizen, Matrizeneinsätze, Dornspitzen, Pressscheiben, Warmscherenmesser, Sinterpresswerkzeuge, Teile für Gasturbinen, Umwelttechnik
2.4973	NiCr19CoMo		(1300)*	
	(xxxx)* Angabe als Zugfestigkeit in N/mm^2			

Abb. 5.1 Warmarbeitsstähle und ihre Anwendungen

Die Abb. 5.1 zeigt hierzu eine Übersicht zu den Anwendungsbereichen verschiedener Warmarbeitsstähle, basierend auf den in Abb. 2.1 angegebenen Warmarbeitsstählen.

Für einen optischen Eindruck zu diesen so verschiedenartigen Anwendungen von Warmarbeitsstählen zeigt die Abb. 5.2 ein Mosaik ausgewählter Beispiele.

Abb. 5.2 Mosaik ausgewählter Anwendungen von Warmarbeitsstählen, *links oben:* Schmiedesättel einer 2000-t-Presse (Foto: Schlegel, J., BGH Edelstahl Lippendorf GmbH), *links unten:* Hammergesenk für einen Scherenschenkel (Foto: Beck, K.-P., Bergheim), *rechts oben:* Strangpressmatrize (Foto: VT vetimec, dies & special components), *rechts Mitte:* Druckgusswerkzeug (Foto: VT vetimec, dies & special components), *rechts unten:* Niederdruckgusswerkzeug für Alu-Felgen (Foto: Borbet GmbH)

Aus der beeindruckenden Vielzahl der Anwendungen kann im Rahmen dieses *essentials* nachfolgend nur eine Grobeinteilung der Warmarbeitsstähle nach deren Eigenschaftsspektrum und den Anforderungen der Hauptanwendungsgebiete erfolgen.

Freiformschieden

Zum Freiformschmieden mit Schmiedehämmern und Schmiedepressen werden als Warmarbeitswerkzeuge die austauschbaren Schmiedesättel genutzt. Diese sind als Ober- und Untersattel flach, v-förmig oder oval ausgeformt (siehe Abb. 5.2 links oben). Der bewegliche Obersattel wird in der Praxis auch als „Bär“ bezeichnet.

Die Schmiedesättel unterliegen im Einsatz hohen Wärme-, starken Druck- und Schlagbeanspruchungen. Als tragender Grundwerkstoff für die Schmiedesättel kommen vorwiegend die Warmarbeitsstähle 1.2714 (55NiCrMoV7) oder 1.2779 (X6NiCrTi26-15) zum Einsatz. Austauschbare Einsätze für die Hauptverschleißzonen, die beispielsweise aus dem hochbelastbaren Nickel-Sonderwerkstoff 2.4668 (NiCr19Fe19Nb5Mo3) hergestellt sind, ermöglichen höhere Standzeiten und einen schnellen Werkzeugwechsel bei Verschleiß.

Gesenkschmieden

Die Schmiedegesenke mit den Negativkonturen der abzuformenden Schmiedeteile unterliegen ebenfalls hohen thermischen Belastungen (zyklische Temperaturwechselbeanspruchung) bei gleichzeitig starker Druck- und Schlagbeanspruchung. Die Lebensdauer der Schmiedegesenke hängt ab vom komplexen Wirken dieser Belastungen, vom eingesetzten Werkzeugwerkstoff, von der Werkzeugkonstruktion, der Werkzeugführung, der Werkzeugwärmebehandlung und Oberflächenbehandlung sowie vom zu schmiedenden Werkstoff. An den Formkonturen, Kanten, Spitzen und schmalen Aussparungen können nach einer bestimmten Anzahl von Schmiedezyklen Verschleißerscheinungen wie Abrieb, thermische und mechanische Ermüdung, also Rissbildungen sowie bleibende Verformungen auftreten (Schruff, 2002). Deshalb bestehen für Schmiedegesenke die bekannten hohen Anforderungen an die verwendeten Warmarbeitsstähle, wie hohe Wärmeleitfähigkeit, hohe Warmfestigkeit und Warmzähigkeit, hohe Härtetemperatur und hohe Anlassbeständigkeit, dazu auch eine hohe Temperaturwechselbeständigkeit und ein hoher Warmverschleißwiderstand. Davon ausgehend werden für die Herstellung von Gesenken hauptsächlich die Warmarbeitsstähle 1.2344 (X40CrMoV5-1), 1.2365 (X32CrMoV18-28), 1.2367 (X38CrMoV5-3), 1.2714 (55NiCrMoV7) und 1.2999 (X45MoCrV5-3-1), sowie auch ein spezieller Molybdän-Warmarbeitsstahl nach amerikanischer Norm SAE-AISI H42 (T20842) verwendet.

Strangpressen

Das Fließpressverfahren „Strangpressen“ wird auch „Extrusion“ (Herausdrängen, Herausstoßen) genannt. Zur Herstellung eines sehr langen, profilierten Halbzeugs (Strang) wird ein Pressling (runder Vorblock, bei Stahl auf Umformtemperatur erwärmt) in eine Druckkammer (Rezipient) eingeführt. Mit einem Stempel erfolgt das Auspressen durch eine Formmatrize, wobei der Strang den Profilquerschnitt der Matrize annimmt. Wird ein speziell profilierter Dorn eingesetzt, können auch innenprofilierte Hohlstränge (Rohrprofile) erzeugt werden. Man unterscheidet je nach Austrittsrichtung des Stranges und der Bewegungsrichtung des Pressstempels das direkte und das indirekte Strangpressen, in der Praxis als Vorwärts-Strangpressen und Rückwärts-Strangpressen bekannt. Sehr unterschiedlich sind die Reibungskräfte bei diesen Verfahrensvarianten. Beim Vorwärts-Strangpressen muss die innere Reibung zwischen der Rezipienten-Innenwand und der Oberfläche des Blocks überwunden werden. Dagegen tritt diese Reibung beim Rückwärts-Strangpressen nicht auf.

Noch geringer ist der Reibungsanteil beim selten genutzten hydrostatischen Strangpressen. Hier wird die Presskraft vom Stempel nicht direkt auf den Block, sondern mittelbar über ein Wirkmedium (Wasser oder Öl) aufgebracht. Der den Block im Rezipienten allseitig umgebende hydrostatische Druck bewirkt bei entsprechender Höhe (bis ca. 20.000 bar) das Auspressen des Werkstoffs durch die Matrize zu einem Strang ohne bzw. mit nur sehr geringer Reibung in der Matrize.

Die Werkzeuge für das Strangpressen, wie der Blockaufnehmer (Rezipient) mit der Innenbüchse, der Pressstempel, die Pressscheibe und Matrize sowie der Dorn unterliegen komplex wirkenden Belastungen im Betrieb, die sich unterschiedlich stark auf die einzelnen Werkzeuge auswirken, wie Materialermüdung, lokal sehr hoher Verschleiß und erhöhte Temperaturbelastungen bei hohen Drücken. Wichtig sind deshalb die Warmhärte und Warmfestigkeit bei hoher Warmzähigkeit, eine sehr gute Kriechbeständigkeit sowie gute Druck- und Rissbeständigkeit der eingesetzten Warmarbeitsstähle. So kommen beispielsweise für die Strangpressmatrizen folgende Warmarbeitsstähle zum Einsatz: 1.2340 (X35CrMoV5-1), 1.2343 (X37CrMoV5-1), 1.2344 (X40CrMoV5-1) sowie 1.2367 (X38CrMoV5-3).

Druckgießen

Das Verfahren des Druckgießens besteht darin, dass in eine geschlossene Formkontur flüssiges Metall aus einer Gießkammer mit einem Kolben eingepresst wird und darin unter Druck, üblicherweise bei 200 bis 300 bar, erstarrt. Hauptsächlich werden Metalle mit niedrigem bis mittlerem Schmelzpunkt wie Zinn-, Blei- oder Zinklegierungen, Aluminium und Magnesium bis hin zu hochschmelzenden Kupferlegierungen mittels Druckguss in Form gebracht. Es ist ein sehr wirtschaftliches Gießverfahren zur Herstellung von Formteilen in Großserien mit hoher Maßhaltigkeit. Man unterscheidet dabei das Kaltkammer- und das Warmkammer-Druckgießen. Beim Kaltkammerverfahren wird die Metallschmelze portionsweise dem Ofen entnommen und in die Gießkammer gefüllt. Anschließend presst ein hydraulisch angetriebener Kolben diese Schmelze in die Druckgussform. Die kalte

Gießkammer ist bei diesem Ablauf nur portionsweise während des Gießens mit der flüssigen Schmelze, also nicht kontinuierlich während der gesamten Gießzeit, in Kontakt. Beim Warmkammer-Druckgussverfahren ist die Gießkammer ständig mit der Schmelze in Kontakt und ist deshalb auch ständig auf Gießtemperatur erwärmt. Das Anforderungsprofil an die Werkstoffe für die Gießkammer, den Gießkolben und die Gießform mit Kern hinsichtlich Verschleißwiderstand, Anlassbeständigkeit, Warmfestigkeit und -zähigkeit sowie Thermoschockrissbeständigkeit ist deshalb auch unterschiedlich. (https://de.wikipedia.org./wiki/Druckguss).

Insbesondere für den Formenaufbau (Grundkonstruktion mit Rahmen) wird zum Beispiel der Warmarbeitsstahl 1.2312 (40CrMnMoS8-6) eingesetzt. Für die hochbeanspruchten formgebenden Teile der Gießform sind geeignete Warmarbeitsstähle: 1.2343 (X37CrMoV5-1), 1.2344 (X40CrMoV5-1), 1.2365 (32CrMoV12-28), 1.2367 (X38CrMoV5-3) oder auch der spezielle Cr-Mo-V-legierte Stahl Thermodur E 40 K Superclean von DEW. Zunehmend werden umgeschmolzene ESU-Qualitäten eingesetzt. Häufig erfahren die formgebenden Bauteile nach dem Härten zur Erhöhung der Standzeiten eine Oberflächenbeschichtung.

Werkstoffdaten

6

Für ausgewählte martensitaushärtende Warmarbeitsstähle sind nachfolgend die relevanten Werkstoffdaten je Stahlgüte zusammengefasst, wie:

- *übliche Handelsnamen, äquivalente Normen und Bezeichnungen*
- *chemische Zusammensetzungen (Richtanalysen nach DIN EN ISO 4957)*
- *physikalische Eigenschaften*
- *Hinweise zu thermischen Behandlungen, Härteverlauf beim Anlassen, Warmfestigkeiten*
- *Anwendungen*

Für diese Auswahl wurden die in der Praxis häufigsten und gängigsten Warmarbeitsstahl-Güten herangezogen. Als Quellen dienten bekannte Daten zu diesen Stählen, die in aktuell gültigen Normen und Werkstoffdatenblättern der Stahlhersteller sowie der Stahlhändler, im Stahlschlüssel (Wegst & Wegst, 2019) sowie bei wikipedia, wikibooks und in weiteren Lexika, z. B. Metallenzyklopädie, Online Website Weltstahlsorten, zu finden sind.

Hinweis
Die Stahlhersteller weisen in ihren Werkstoffdatenblättern oft nur einen Wert oder engere Toleranzen für die Gehalte an Legierungselementen aus, als es die Richtwerte der Norm DIN EN ISO 4957 zulassen. Auf derartige Herstellerangaben kann im Rahmen dieses *essential* nicht eingegangen werden, ebenso nicht auf herstellerspezifische Angaben zum Beispiel für ESU-umgeschmolzene hochreine Güten, zu Sonderstählen und zu weiteren Eigenschaften, wie z. B. Schweißbarkeit, Schleifbarkeit und Bearbeitbarkeit sowie auch zu Empfehlungen zum Umformen, Schweißen, zu günstigen Schnittparametern beim Zerspanen und zum Oberflächenbehandeln.

J. Schlegel und T. Schneiders, *Warmarbeitsstahl,* essentials,
https://doi.org/10.1007/978-3-658-39541-4_6

1.2083 (X40Cr14)

Kaltarbeitsstahl, der auch für die Warmarbeit genutzt wird mit hoher Härteannahme (Durchhärterstahl), mit hoher Verschleißbeständigkeit, guter Zerspanbarkeit, guter Wärmeleitfähigkeit, ist gut erodierbar, polierbar und ätzbar, zeigt sehr geringen Verzug

Übliche Handelsnamen:

M310 (Böhler), **HC50** (Dörrenberg), **Formadur** 2083 (DEW)

Äquivalente Normen und Bezeichnungen:

Deutschland:	DIN EN ISO 4957	1.2083 (X40Cr14)	*UNS:*	
USA:	AISI / ASTM	420	*England:*	BS
Japan:	JIS		*Schweden:*	SS
Frankreich:	AFNOR	Z40C14	*Russland:*	GOST

Richtanalyse (in Masse-%):

	C	Si	Mn	P	S	Co	Cr	Mo	Ni	V	W	Sonstige
min.	0,36	-	-	-	-	-	12,50	-	-	-	-	-
max.	0,42	1,00	1,00	0,030	0,030	-	14,50	-	-	-	-	-

Physikalische Eigenschaften

Dichte ρ: 7,80 g/cm³

Spezifische Wärmekapazität c: 460 J/kg·K

Elastizitätsmodul E: 200 kN/mm²

Wärmeleitfähigkeit λ in W/m·K:

20 °C	**21,0**
200 °C	**22,0**
300 °C	**23,8**
400 °C	**24,7**

Wärmeausdehnungskoeffizient α in 10^{-6}/K:

20 bis 100 °C	**10,5**
20 bis 200 °C	**11,0**
20 bis 300 °C	**11,6**
20 bis 400 °C	**11,9**
20 bis 500 °C	
20 bis 700 °C	

Thermische Behandlung:		***Abkühlung:***
Weichglühen	760 bis 800 °C	≥ 3 Std., Ofenabkühlung bis 500 °C, Luft **Glühhärte ≤ 230 HB**
Spannungsarmglühen	600 bis 650 °C	2 bis 4 Std., Ofenabkühlung
Härten	1000 bis 1050 °C	Öl, Druckgas (N_2), Warmbad (500 - 550 °C)
Anlassen	gemäß Anlassschaubild!	

Härte nach Abschrecken: ca. 53 HRC

Arbeitshärte: ca. 52 HRC

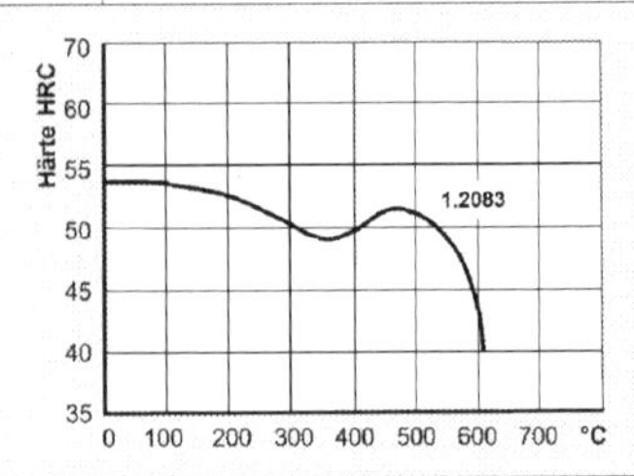

Anwendungen:

Korrosion- und säurebeanspruchte Anwendungen als Kunststoffformenstahl, für Formen- und Presswerkzeuge, Spritzgießwerkzeuge für abrasive Kunststoffe, Maschinebauteile für Lebensmittelindustrie, für Medizintechnik, z. B. chirurgische Instrumente, Automobilkomponenten, Sensoren

1.2311 (40CrMnMo7)

Vergüteter Warmarbeits-/Kunststoffformenstahl, Lieferhärte 280 bis 325 HB, schwefelarm und druckfest, weist hohe Durchvergütung auf, ist gut zerspanbar und gut polierbar, auch gut schweiß- und nitrierbar

Übliche Handelsnamen:

M238 (Marks), **M201** (Böhler), **MCM** (Dörrenberg), **Formadur 2311** (DEW)

Äquivalente Normen und Bezeichnungen:

Deutschland:	DIN EN ISO 4957	1.2311 (40CrMnMo7)	*UNS:*	
USA:	AISI / ASTM	P20	*England:*	BS
Japan:	JIS	SKT3	*Schweden:*	SS
Frankreich:	AFNOR	40CMD8	*Russland:*	GOST

Richtanalyse (in Masse-%):

	C	Si	Mn	P	S	Co	Cr	Mo	Ni	V	W	Sonstige
min.	0,35	0,20	1,30	-	-	-	1,80	0,15	-	-	-	-
max.	0,45	0,40	1,60	0,035	0,035	-	2,10	0,25	-	-	-	-

Physikalische Eigenschaften

Dichte ρ: 7,85 g/cm³

Spezifische Wärmekapazität c: 460 J/kg·K

Wärmeleitfähigkeit λ in W/m·K:

20 °C	**34,5**
350 °C	**33,5**
700 °C	**32,0**

Wärmeausdehnungskoeffizient α in 10^{-6}/K:

20 bis 100 °C	**11,1**
20 bis 200 °C	**12,9**
20 bis 300 °C	**13,4**
20 bis 400 °C	**13,8**
20 bis 500 °C	**14,2**
20 bis 600 °C	**14,6**
20 bis 700 °C	**14,9**

Thermische Behandlung:		***Abkühlung:***
Weichglühen	580 bis 600 °C	≥ 3 Std., Ofenabkühlung bis 500 °C, Luft **Glühhärte ≤ 230 HB**
Spannungsarmglühen	ca. 600 °C	2 bis 4 Std., Ofenabkühlung
Härten	830 bis 870 °C	Öl, Warmbad (200 - 230 °C)
Anlassen	gemäß Anlassschaubild!	

Härte nach Abschrecken: ca. 53 HRC

Arbeitshärte: 29 bis 46 HRC

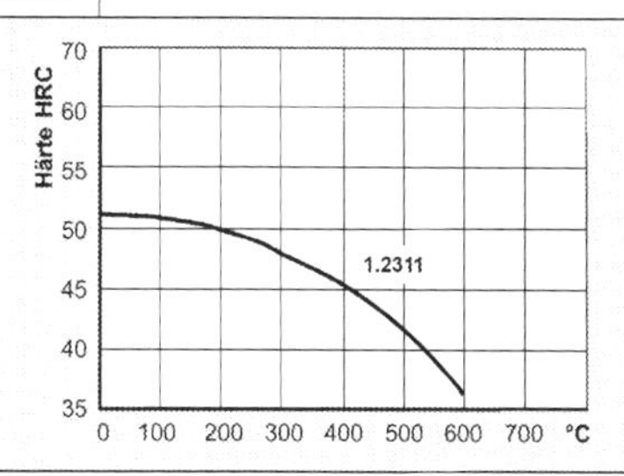

Anwendungen:

Beheizte Rezipientenmäntel und Zwischenbüchsen in Strang- und Rohrpressen für alle Metalle, Matrizenhalter und Matrizeneinsätze, Teile für Maschinenbau, Kunststoffformenbau (Formplatten, Einsätze), Blasformen, Spritz- und Druckformen

1.2312 (40CrMnMoS8-7)

Warmarbeits-/Kunststoffformenstahl, Lieferhärte 280 bis 325 HB, niedrig legiert mit definiertem Schwefelgehalt, gut zerspanbar, besitzt gute Maßhaltigkeit und Zähigkeit, verschleißbeständig nach Nitrieren

Übliche Handelsnamen:

M200 (Böhler), **MCMS** (Dörrenberg), **Formadur 2312** (DEW)

Äquivalente Normen und Bezeichnungen:

Deutschland:	DIN EN ISO 4957	1.2312 (40CrMnMoS8-6)	*UNS:*	
USA:	AISI / ASTM	P20+S	*England:*	BS
Japan:	JIS		*Schweden:*	SS
Frankreich:	AFNOR	40CMD8.S	*Russland:*	GOST

Richtanalyse (in Masse-%):

	C	Si	Mn	P	S	Co	Cr	Mo	Ni	V	W	Sonstige
min.	0,35	0,30	1,40	-	0,050	-	1,80	0,15	-	-	-	-
max.	0,45	0,50	1,60	0,030	0,100	-	2,00	0,25	-	-	-	-

Physikalische Eigenschaften

Dichte ρ: 7,84 g/cm³
Spezifische Wärmekapazität c: 460 J/kg·K
Elastizitätsmodul E: 210 kN/mm²
Wärmeleitfähigkeit λ in W/m·K:

150 °C	**40,4**
200 °C	**40,4**
250 °C	**39,9**
300 °C	**39,0**

Wärmeausdehnungskoeffizient α in 10^{-6}/K:

20 bis 100 °C	
20 bis 200 °C	**13,0**
20 bis 300 °C	**13,7**
20 bis 400 °C	
20 bis 500 °C	
20 bis 600 °C	
20 bis 700 °C	

Thermische Behandlung:		***Abkühlung:***
Weichglühen	710 bis 740 °C	4 bis 6 Std., Ofenabkühlung **Glühhärte ≤ 230 HB**
Spannungsarmglühen	650 bis 680 °C	2 bis 3 Std., Ofenabkühlung
Härten	840 bis 870 °C	Öl, Warmbad, Luft
Anlassen	gemäß Anlassschaubild!	2 mal je 2 Std.

Härte nach Abschrecken: ca. 54 HRC

Arbeitshärte: ca. 34 bis 50 HRC

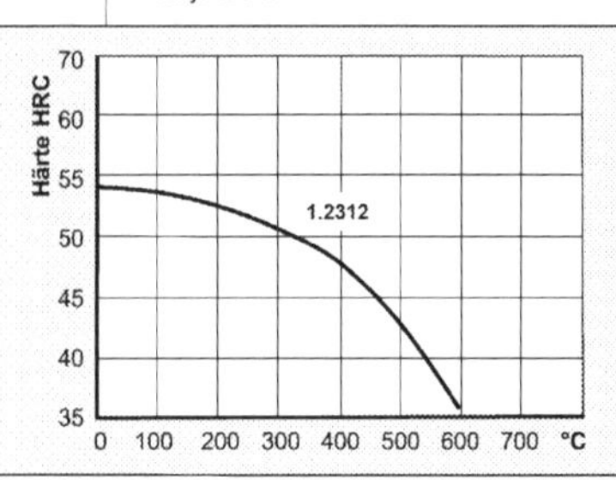

Anwendungen:

Kunststoff-Spritzgussformen, Extruderdüsen für Thermoplaste, Formen und Formenrahmen für Druckguss, Teile für Maschinenbau, Werkzeuge für spanlose Formgebung

1.2329 (46CrSiMoV7)

Warmarbeitsstahl mit hoher Anlassbeständigkeit, hoher Warmfestigkeit, hoher Beständigkeit gegen Thermoschock und Hitzerissbildung, mit guter Durchvergütbarkeit, mit guter Zerspan- und Schweißbarkeit, guter Zähigkeit, nitrierbar, PVD/CVD-beschichtbar, gut polierbar

Übliche Handelsnamen:

Thermodur 2329 (DEW)

Äquivalente Normen und Bezeichnungen:

Deutschland:	DIN EN ISO 4957	1.2329 (46CrSiMoV7)	*UNS:*	
USA:	AISI / ASTM		*England:*	BS
Japan:	JIS		*Schweden:*	SS
Frankreich:	AFNOR		*Russland:*	GOST

Richtanalyse (in Masse-%):

	C	Si	Mn	P	S	Co	Cr	Mo	Ni	V	W	Sonstige
min.	0,43	0,60	0,65	-	-	-	1,65	0,25	0,45	0,17	-	-
max.	0,48	0,75	0,85	0,030	0,030	-	1,85	0,35	0,60	0,22	-	-

Physikalische Eigenschaften

Dichte ρ: 7,85 g/cm³
Spezifische Wärmekapazität c: J/kg·K
Elastizitätsmodul E: kN/mm²
Wärmeleitfähigkeit λ in W/m·K: *150 °C*
200 °C
250 °C
300 °C

Wärmeausdehnungskoeffizient α in 10^{-6}/K:
20 bis 100 °C
20 bis 200 °C
20 bis 300 °C
20 bis 400 °C
20 bis 500 °C
20 bis 600 °C
20 bis 700 °C

Thermische Behandlung:		***Abkühlung:***
Weichglühen	780 bis 800 °C	Ofenabkühlung oder Luft **Glühhärte ≤ 230 HB**
Spannungsarmglühen		
Härten	880 bis 920 °C	Luft, Öl, Warmbad (200 - 250 °C)
Anlassen	gemäß Anlassschaubild!	

Härte nach Abschrecken: ca. 53 bis 55 HRC

Arbeitshärte: ca. 50 HRC

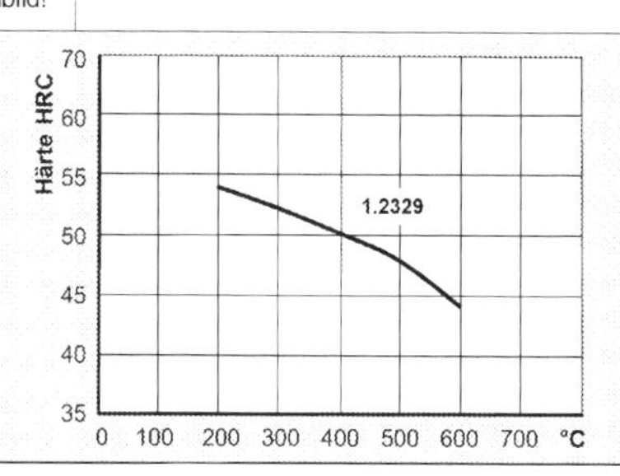

Anwendungen:

Matrizen, Formen, Stanzen, Maschinenbaukomponenten für hohe Arbeitstemperaturen, Niederdruckwerkzeuge, Behälter für Druckpressen, Hülsen für Strangpressen, Extrusionspressblöcke

1.2340 (X36CrMoV5-1)

Warmarbeitsstahl mit hoher Warmfestigkeit bei verbesserter Zähigkeit, mit guter Wärmeleitfähigkeit und Warmrissunempfindlichkeit, hochglanzpolierbar, beschichtbar, nitrierbar und gut spanbar

Übliche Handelsnamen:

~ **Thermodur E 38 K Superclean** (DEW), **W400** (Böhler)

Äquivalente Normen und Bezeichnungen:

Deutschland:	DIN EN ISO 4957	1.2340 (X36CrMoV5-1)	*UNS:*		~ T20811
USA:	AISI / ASTM	~ H11	*USA:*	NADCA	E1810
Japan:	JIS		*England:*	BS	
Frankreich:	AFNOR		*Schweden:*	SS	

Richtanalyse (in Masse-%):

	C	Si	Mn	P	S	Co	Cr	Mo	Ni	V	W	Sonstige
min.	0,32	-	0,10	-	-	-	4,60	1,10	-	0,35	-	-
max.	0,40	0,50	0,50	0,020	0,010	-	5,40	1,60	0,30	0,60	-	-

Physikalische Eigenschaften

Dichte ρ: 7,80 g/cm³
Spezifische Wärmekapazität c: 460 J/kg·K
Elastizitätsmodul E: 211 kN/mm²
Wärmeleitfähigkeit λ in W/m·K:

	geglüht	vergütet
20 °C	**29,8**	**26,8**
350 °C	**30,0**	**27,3**
700 °C	**33,4**	**30,3**

Wärmeausdehnungskoeffizient α in 10^{-6}/K:

20 bis 100 °C	**11,8**
20 bis 200 °C	**12,4**
20 bis 300 °C	**12,6**
20 bis 400 °C	**12,7**
20 bis 500 °C	**12,8**
20 bis 600 °C	**12,9**
20 bis 700 °C	**12,9**

Thermische Behandlung:		***Abkühlung:***
Weichglühen	740 bis 780 °C	Ofenabkühlung **Glühhärte ≤ 200 HB**
Spannungsarmglühen		
Härten	1000 bis 1030 °C	Öl, Warmbad (500 - 550 °C)
Anlassen	gemäß Anlassschaubild!	

Härte nach Abschrecken: ca. 53 HRC

Arbeitshärte: ca. 51 bis 52 HRC

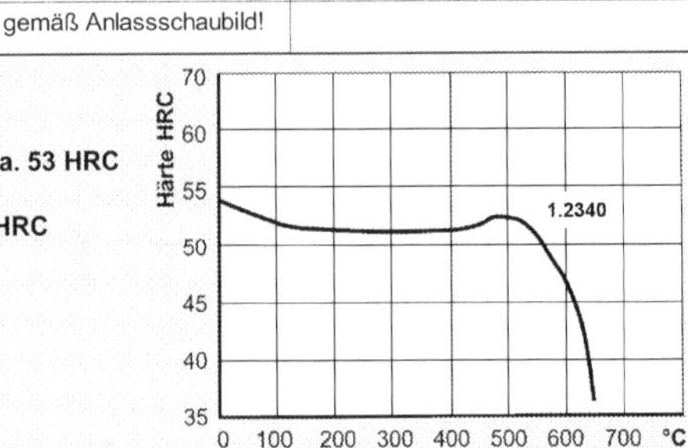

Anwendungen:

Universell einsetzbare Warmarbeitsstahl, besonders für hoch biegebeanspruchte Anwendungen wie Strangpress- und Druckgießwerkzeuge für Leichtmetall

1.2342 (X35CrMoV5-1-1)

Warmarbeitsstahl mit hoher Zähigkeit, guter Wärmleitfähigkeit und Warmrissunempfindlichkeit, bedingt wasserkühlbar

Übliche Handelsnamen:

Thermodur 2342 EFS / 2343 EFS Superclean (DEW)

Äquivalente Normen und Bezeichnungen:

Deutschland:	**DIN EN ISO 4957**	**1.2342 (X35CrMoV5-1-1)**	*UNS:*	
USA:	**AISI / ASTM**		*USA:*	**NADCA**
Japan:	**JIS**		*England:*	**BS**
Frankreich:	**AFNOR**		*Schweden:*	**SS**

Richtanalyse (in Masse-%):

	C	Si	Mn	P	S	Co	Cr	Mo	Ni	V	W	Sonstige
min.	0,30	0,70	0,40	-	-	-	4,50	1,00	-	0,80	-	-
max.	0,40	1,20	0,60	0,030	0,030	-	5,50	1,20	-	1,00	-	-

Physikalische Eigenschaften

Dichte ρ: 7,80 g/cm³

Spezifische Wärmekapazität c: J/kg·K

Elastizitätsmodul E: kN/mm²

Wärmeleitfähigkeit λ in W/m·K:

20 °C	**24,5**
350 °C	**26,8**
700 °C	**28,8**

Wärmeausdehnungskoeffizient α in 10^{-6}/K:

20 bis 100 °C	**10,9**
20 bis 200 °C	**11,9**
20 bis 300 °C	**12,3**
20 bis 400 °C	**12,7**
20 bis 500 °C	**13,0**
20 bis 600 °C	**13,1**
20 bis 700 °C	**13,5**

Thermische Behandlung:		***Abkühlung:***
Weichglühen	750 bis 800 °C	Ofenabkühlung **Glühhärte ≤ 230 HB**
Spannungsarmglühen		
Härten	1000 bis 1040 °C	Luft, Öl, Warmbad (500 - 550 °C)
Anlassen	gemäß Anlassschaubild!	

Härte nach Abschrecken: ca. 53 HRC

Arbeitshärte: ca. 48 bis 50 HRC

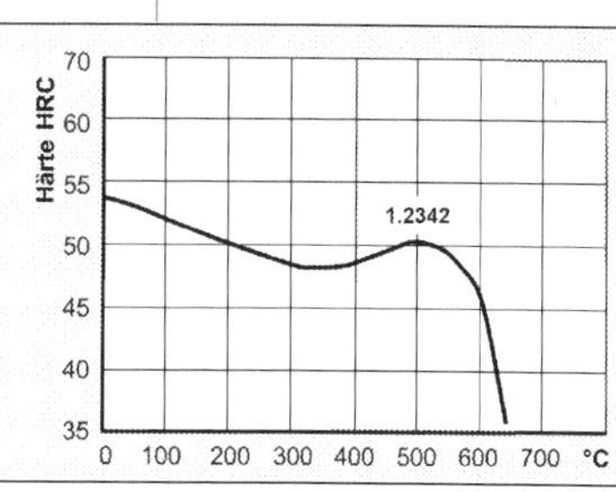

Anwendungen:

Dornstangen, Druckgießformen, Strangpresswerkzeuge

1.2343 (X37CrMoV5-1)

Warmarbeitsstahl mit hoher Warmfestigkeit und Zähigkeit, guter Wärmleitfähigkeit und Warmrissunempfindlichkeit, bedingt wasserkühlbar

Übliche Handelsnamen:

Thermodur 2343 EFS / 2343 EFS Superclean (DEW)

Äquivalente Normen und Bezeichnungen:

Deutschland:	DIN EN ISO 4957	1.2342 (X35CrMoV5-1-1)	*UNS:*	
USA:	AISI / ASTM	H11	*USA:*	NADCA
Japan:	JIS		*England:*	BS
Frankreich:	AFNOR	Z38CDV5	*Schweden:*	SS

Richtanalyse (in Masse-%):

	C	Si	Mn	P	S	Co	Cr	Mo	Ni	V	W	Sonstige
min.	0,33	0,87	0,20	-	-	-	4,80	1,10	-	0,30	-	-
max.	0,41	1,20	0,60	0,030	0,020	-	5,50	1,50	-	0,50	-	-

Physikalische Eigenschaften

Dichte ρ: 7,80 g/cm³

Spezifische Wärmekapazität c: 460 J/kg·K

Elastizitätsmodul E: 215 kN/mm²

Wärmeleitfähigkeit λ in W/m·K:

	geglüht	vergütet
20 °C	**29,8**	**26,8**
350 °C	**30,0**	**27,3**
700 °C	**33,4**	**30,3**

Wärmeausdehnungskoeffizient α in 10^{-6}/K:

20 bis 100 °C	**11,8**
20 bis 200 °C	**12,4**
20 bis 300 °C	**12,6**
20 bis 400 °C	**12,7**
20 bis 500 °C	**12,8**
20 bis 600 °C	**12,9**
20 bis 700 °C	**12,9**

Thermische Behandlung:		***Abkühlung:***
Weichglühen	750 bis 800 °C	Ofenabkühlung **Glühhärte ≤ 230 HB**
Spannungsarmglühen		
Härten	1000 bis 1030 °C	Luft, Öl, Warmbad (500 - 550 °C)
Anlassen	gemäß Anlassschaubild!	

Härte nach Abschrecken: ca. 54 HRC

Arbeitshärte: ca. 52 bis 53 HRC

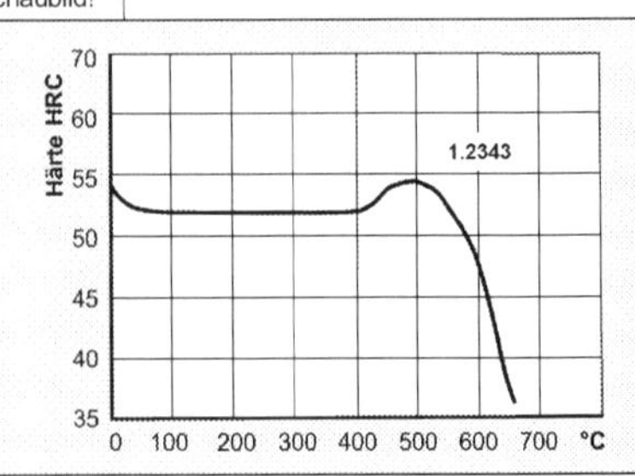

Anwendungen:

Universell verwendbarer Warmarbeitsstahl, Druckgieß- und Strangpresswerkzeuge für Leichtmetall, Schmiedegesenke, Dornstangen, Armierungsringe, Warmscherenmesser, Warmfließpresswerkzeuge

1.2344 (X40CrMoV5-1)

Standard-Warmarbeitsstahl mit höherer Warmfestigkeit als 1.2343 (X37CrMoV5-1), mit sehr guter Warmzähigkeit und Warmverschleißbeständigkeit,mit guter Wärmeleitfähigkeit und Warmrissunempfindlichkeit

Übliche Handelsnamen:

Thermodur 2344 EFS / 2344 EFS Superclean (DEW), **ES 245 W** (EschmannStahl), **WP5V** (Dörrenberg)

Äquivalente Normen und Bezeichnungen:

Deutschland:	DIN EN ISO 4957	1.2344 (X40CrMoV5-1)	*UNS:*		T20813
USA:	AISI / ASTM	H13	*England:*	BS	BH13
Japan:	JIS	SKD61	*Schweden:*	SS	2242
Frankreich:	AFNOR	Z40CDV5	*Russland:*	GOST	4Ch5MF1S

Richtanalyse (in Masse-%):

	C	Si	Mn	P	S	Co	Cr	Mo	Ni	V	W	Sonstige
min.	0,35	0,80	0,25	-	-	-	4,80	1,20	-	0,85	-	-
max.	0,42	1,20	0,50	0,030	0,020	-	5,50	1,50	-	1,15	-	-

Physikalische Eigenschaften

Dichte ρ: 7,78 g/cm^3
Spezifische Wärmekapazität c: 460 J/kg·K
Elastizitätsmodul E: 215 kN/mm^2
Wärmeleitfähigkeit λ in W/m·K:

	geglüht	*vergütet*
20 °C	**27,2**	**25,5**
350 °C	**30,5**	**27,6**
700 °C	**33,4**	**30,3**

Wärmeausdehnungskoeffizient α in 10^{-6}/K:

20 bis 100 °C	**10,9**
20 bis 200 °C	**11,9**
20 bis 300 °C	**12,3**
20 bis 400 °C	**12,7**
20 bis 500 °C	**13,0**
20 bis 600 °C	**13,3**
20 bis 700 °C	**13,5**

Thermische Behandlung:		***Abkühlung:***
Weichglühen	750 bis 800 °C	≥ 4 Std., Ofenabkühlung bis 500 °C, Luft **Glühhärte ≤ 230 HB**
Spannungsarmglühen	600 bis 650 °C	2 bis 4 Std., Ofenabkühlung
Härten	1010 bis 1030 °C	Luft, Stickstoff, Öl, Warmbad (500 - 550 °C)
Anlassen	gemäß Anlassschaubild!	

Härte nach Abschrecken: ca. 54 HRC

Arbeitshärte: ca. 45 bis 53 HRC

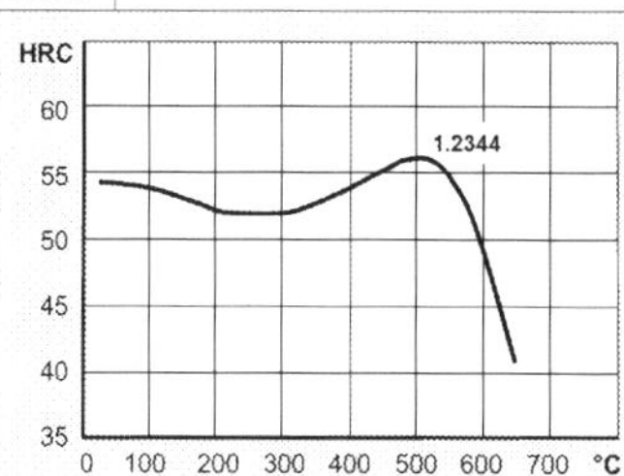

Anwendungen:

Universell einsetzbar, z. B. für Druckgießwerkzeuge und Kokillen für die Leichtmetallverarbeitung, Werkzeuge für Schmiedemaschinen, Gesenke, Gesenkeinsätze, Strangpresswerkzeuge, Dornstangen für die Rohrherstellung, Warmscherenmesser, Auswerferstifte

1.2345 (X50CrMoV5-1)

Warmarbeitsstahl mit angehobenem Kohlenstoffgehalt, hohem Verschleißwiderstand, guter Warmfestigkeit und hoher Aufhärtbarkeit, ist maßänderungsarm

Übliche Handelsnamen:

DM51 (Dörrenberg), **K306** (Böhler)

Äquivalente Normen und Bezeichnungen:

Deutschland:	DIN EN ISO 4957	1.2345 (X50CrMoV5-1)	*UNS:*	
USA:	AISI / ASTM		*England:*	BS
Japan:	JIS		*Schweden:*	SS
Frankreich:	AFNOR		*Russland:*	GOST

Richtanalyse (in Masse-%):

	C	Si	Mn	P	S	Co	Cr	Mo	Ni	V	W	Sonstige
min.	0,48	0,80	0,20	-	-	-	4,80	1,25	-	0,80	-	-
max.	0,53	1,10	0,40	0,030	0,030	-	5,20	1,45	-	1,00	-	-

Physikalische Eigenschaften

Dichte ρ: 7,80 g/cm³

Spezifische Wärmekapazität c: 460 J/kg·K

Elastizitätsmodul E: 215 kN/mm²

Wärmeleitfähigkeit λ in W/m·K:

20 °C	**19,5**
350 °C	**24,8**
700 °C	**26,4**

Wärmeausdehnungskoeffizient α in 10^{-6}/K:

20 bis 100 °C	**11,7**
20 bis 200 °C	
20 bis 300 °C	**12,7**
20 bis 400 °C	
20 bis 500 °C	**13,4**
20 bis 600 °C	
20 bis 700 °C	**13,8**

Thermische Behandlung:		***Abkühlung:***
Weichglühen	780 bis 810 °C	Ofenabkühlung bis 500 °C, Luft **Glühhärte ≤ 230 HB**
Spannungsarmglühen	600 bis 650 °C	2 bis 4 Std., Ofenabkühlung
Härten	1010 bis 1030 °C	Luft, Stickstoff, Öl, Warmbad (500 - 550 °C)
Anlassen	gemäß Anlassschaubild!	

Härte nach Abschrecken: ca. 56 HRC

Arbeitshärte: ca. 52 bis 55 HRC

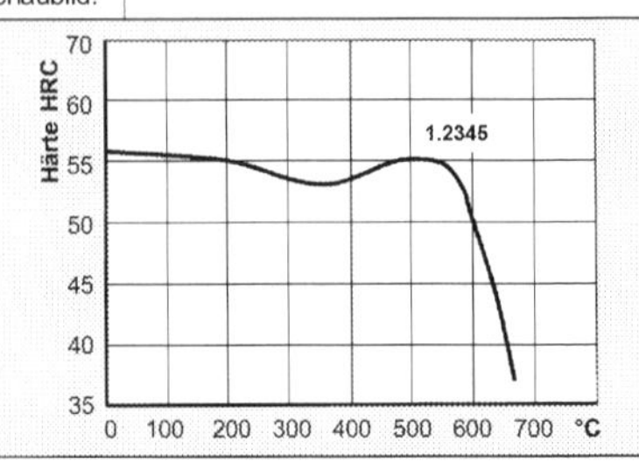

Anwendungen:

Warmstreckrollen, Scherenmesser, Kaltpilgerwalzen und Dorne

1.2365 (32CrMoV12-28)

Warmarbeitsstahl mit hoher Warmfestigkeit, hoher Zähigkeit und hoher Anlassbeständigkeit, mit guter Wärmeleitfähigkeit, hoher Temperaturwechselbeständigkeit, wasserkühlbar und kalteinsenkbar

Übliche Handelsnamen:

Thermodur 2365 EFS / 2365 EFS Superclean (DEW), **DM3** (Dörrenberg), **W320** (Böhler)

Äquivalente Normen und Bezeichnungen:

Deutschland:	DIN EN ISO 4957	1.2365 (32CrMoV12-28)	*UNS:*		T20810
USA:	AISI / ASTM	H10	*England:*	BS	BH10
Japan:	JIS	SKD7	*Schweden:*	SS	X38CrMo16
Frankreich:	AFNOR	32CDV12-28	*Russland:*	GOST	3Ch3M3F

Richtanalyse (in Masse-%):

	C	Si	Mn	P	S	Co	Cr	Mo	Ni	V	W	Sonstige
min.	0,28	0,10	0,15	-	-	-	2,70	2,50	-	0,40	-	-
max.	0,35	0,40	0,45	0,030	0,020	-	3,20	3,00	-	0,70	-	-

Physikalische Eigenschaften

Dichte ρ: 7,85 g/cm³

Spezifische Wärmekapazität c: 460 J/kg·K

Elastizitätsmodul E: 215 kN/mm²

Wärmeleitfähigkeit λ in W/m·K:

	geglüht	vergütet
20 °C	32,8	31,4
350 °C	34,5	32,0
700 °C	32,2	29,3

Wärmeausdehnungskoeffizient α in 10^{-6}/K:

20 bis 100 °C	11,8
20 bis 200 °C	12,5
20 bis 300 °C	12,7
20 bis 400 °C	13,1
20 bis 500 °C	13,5
20 bis 600 °C	13,6
20 bis 700 °C	13,8

Thermische Behandlung:		***Abkühlung:***
Weichglühen	750 bis 800 °C	Ofenabkühlung **Glühhärte ≤ 229 HB**
Spannungsarmglühen	600 bis 650 °C	2 bis 4 Std., Ofenabkühlung
Härten	1030 bis 1050 °C	Öl, Warmbad (500 - 550 °C)
Anlassen	gemäß Anlassschaubild!	

Härte nach Abschrecken: ca. 52 HRC

Arbeitshärte: ca. 50 HRC

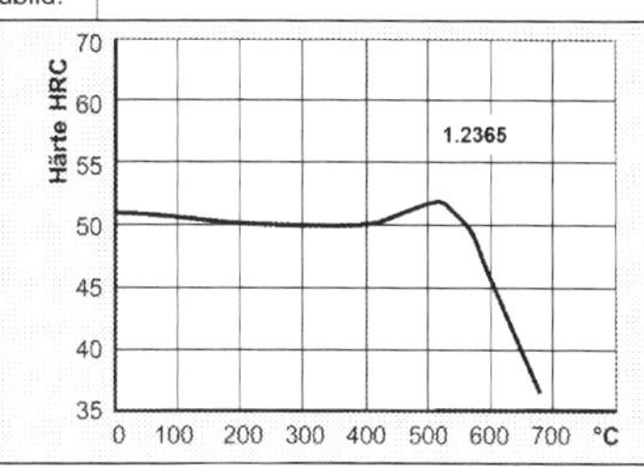

Anwendungen:

Für hochbeanspruchte Warmarbeitswerkzeuge wie Druckgussformen und Rezipienteninnenbüchsen für Schwermetalllegierungen, Pressscheiben, Press- und Lochdorne für Strangpressen

1.2367 (X38CrMoV5-3)

Warmarbeitsstahl mit hoher Warmfestigkeit und hoher Anlassbeständigkeit, hoher Zähigkeit und Härtbarkeit, hoher Temperaturwechselbeständigkeit und geringer Verzugsneigung

Übliche Handelsnamen:

Thermodur 2367 EFS / 2367 EFS Superclean (DEW), **DM3X** (Dörrenberg), **W303** (Böhler)

Äquivalente Normen und Bezeichnungen:

Deutschland:	DIN EN ISO 4957	1.2367 (X38CrMoV5-3)	*UNS:*		
USA:	AISI / ASTM		*England:*	BS	
Japan:	JIS		*Schweden:*	SS	X38CrMoV5-3
Frankreich:	AFNOR	Z38CDV5-3	*Russland:*	GOST	

Richtanalyse (in Masse-%):

	C	Si	Mn	P	S	Co	Cr	Mo	Ni	V	W	Sonstige
min.	0,35	0,30	0,30	-	-	-	4,80	2,70	-	0,40	-	-
max.	0,40	0,50	0,50	0,030	0,020	-	5,20	3,20	-	0,60	-	-

Physikalische Eigenschaften

Dichte ρ: 7,85 g/cm³
Spezifische Wärmekapazität c: 460 J/kg·K
Elastizitätsmodul E: 215 kN/mm²

Wärmeleitfähigkeit λ in W/m·K:

	geglüht	vergütet
20 °C	**30,8**	**29,8**
350 °C	**33,5**	**33,9**
700 °C	**35,1**	**35,3**

Wärmeausdehnungskoeffizient α in 10^{-6}/K:

20 bis 100 °C	**11,9**
20 bis 200 °C	**12,5**
20 bis 300 °C	**12,6**
20 bis 400 °C	**12,8**
20 bis 500 °C	**13,1**
20 bis 600 °C	**13,3**
20 bis 700 °C	**13,5**

Thermische Behandlung:		***Abkühlung:***
Weichglühen	730 bis 780 °C	Ofenabkühlung **Glühhärte ≤ 235 HB**
Spannungsarmglühen	600 bis 650 °C	2 bis 4 Std., Ofenabkühlung
Härten	1020 bis 1050 °C	Luft, Öl, Warmbad (500 - 550 °C)
Anlassen	gemäß Anlassschaubild!	

Härte nach Abschrecken: ca. 57 HRC

Arbeitshärte: 52 bis 50 HRC

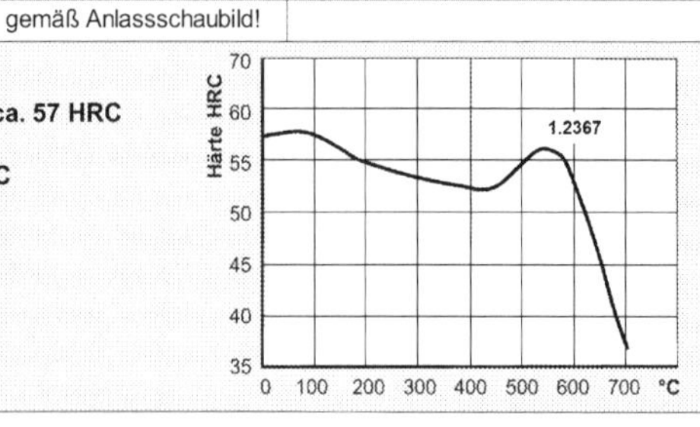

Anwendungen:

Gesenke, Druckgießformen, Zwischenbüchsen, Matrizenhalter, Pressstempel für Schwermetall, Profilmatrizen und Dorne, Werkzeuge für Schrauben-, Muttern-, Nieten- und Bolzenherstellung, Warmscherenmesser

1.2606 (X37CrMoW5-1)

Warmarbeitsstahl mit hoher Warmfestigkeit und gutem Warmverschleißverhalten, hoher Temperaturwechselbeständigkeit

Übliche Handelsnamen:

1.2606 Calor MOCR (Haeckerstahl), **EPS W 51** (Ossenberg)

Äquivalente Normen und Bezeichnungen:

Deutschland:	DIN EN ISO 4957	1.2606 (X37CrMoV5-1)	*UNS:*		
USA:	AISI / ASTM	H12	*England:*	BS	BH12
Japan:	JIS	SKD62	*Schweden:*	SS	
Frankreich:	AFNOR	Z35CWDV5	*Russland:*	GOST	

Richtanalyse (in Masse-%):

	C	Si	Mn	P	S	Co	Cr	Mo	Ni	V	W	Sonstige
min.	0,32	0,90	0,30	-	-	-	5,00	1,30	-	0,15	1,20	-
max.	0,40	1,20	0,60	0,035	0,035	-	5,60	1,60	-	0,40	1,40	-

Physikalische Eigenschaften

Dichte ρ: 7,85 g/cm³
Spezifische Wärmekapazität c: J/kg·K
Elastizitätsmodul E: kN/mm²
Wärmeleitfähigkeit λ in W/m·K:

Wärmeausdehnungskoeffizient α in 10^{-6}/K:
20 bis 100 °C
20 bis 200 °C
20 bis 300 °C
20 bis 400 °C
20 bis 500 °C
20 bis 600 °C
20 bis 700 °C

Thermische Behandlung:		***Abkühlung:***
Weichglühen	820 bis 850 °C	Ofenabkühlung **Glühhärte ≤ 230 HB**
Spannungsarmglühen		
Härten	1000 bis 1050 °C	Öl, Warmbad (500 - 550 °C)
Anlassen	gemäß Anlassschaubild!	

Härte nach Abschrecken: 58 HRC

Arbeitshärte: ca. 55 HRC

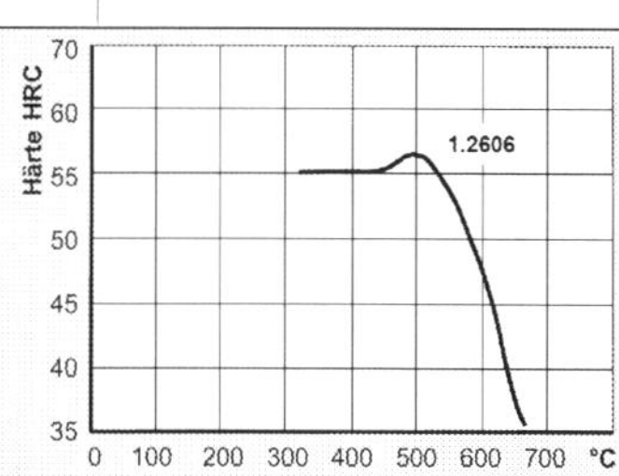

Anwendungen:

Innenbüchsen und Pressstempel für Metallstrangpressen, Presswerkzeuge, Formteilpressgesenke, Schmiedegesenke, Druckgussformen für Leichtmetall, Warmscherenmesser, Abgratwerkzeuge

1.2678 (X45CoCrWV5-5-5)

Hochlegierter Warmarbeitsstahl mit Kobaltzusatz für höchsten Verschleißwiderstand, mit sehr hoher Warmfestigkeit und Anlassbeständigkeit

Übliche Handelsnamen:

1.2678

Äquivalente Normen und Bezeichnungen:

Deutschland:	DIN EN ISO 4957	1.2678 (X45CoCrWV5-5-5)	*UNS:*	T20819
USA:	AISI / ASTM	H19	*England:*	BS
Japan:	JIS		*Schweden:*	SS
Frankreich:	AFNOR		*Russland:*	GOST

Richtanalyse (in Masse-%):

	C	Si	Mn	P	S	Co	Cr	Mo	Ni	V	W	Sonstige
min.	0,40	0,30	0,30	-	-	4,00	4,00	0,40	-	1,80	4,00	-
max.	0,50	0,50	0,50	0,025	0,025	5,00	5,00	0,60	-	2,10	5,00	-

Physikalische Eigenschaften

Dichte ρ: 7,70 g/cm³
Spezifische Wärmekapazität c: 460 J/kg·K
Elastizitätsmodul E: 200 kN/mm²
Wärmeleitfähigkeit λ in W/m·K:

20 °C	25
350 °C	
700 °C	

Wärmeausdehnungskoeffizient α in 10^{-6}/K:

20 bis 100 °C	10
20 bis 200 °C	
20 bis 300 °C	
20 bis 400 °C	
20 bis 500 °C	
20 bis 600 °C	
20 bis 700 °C	

Thermische Behandlung:		*Abkühlung:*
Weichglühen	780 bis 800 °C	Ofenabkühlung **Glühhärte ≤ 240 HB**
Spannungsarmglühen		
Härten	1130 bis 1160 °C	Öl, Gas, Luft Warmbad, Wirbelbett
Anlassen	gemäß Anlassschaubild!	

Härte nach Abschrecken: 54 HRC

Arbeitshärte: 50 bis 54 HRC

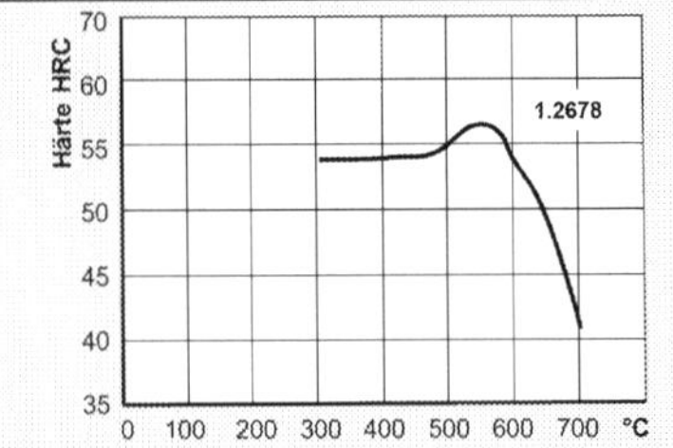

Anwendungen:

Warmfließpressmatrizen, Dorne, Stempel, höchst beanspruchte Gesenke und Gesenkeinsätze, Messingdruckgussformen

1.2709 (X3NiCoMoTi18-9-5)

Hochlegierter Warmarbeitsstahl, herausragend verzugsarm, mit besonderer Eigenschaft der Ausscheidungshärtbarkeit (Nickelmartensit), höchstfest bei guter Zähigkeit, gut polierbar, eigentlich ein Kaltarbeitsstahl, der auch bis zu 450 °C einsetzbar ist.

Übliche Handelsnamen:

Cryodur 2709 (DEW), **18% Ni Maraging 300, ~ W720** (Böhler)

Äquivalente Normen und Bezeichnungen:

Deutschland:	**DIN EN ISO 4957**	**1.2709 (X3NiCoMoTi18-9-5)**	*UNS:*		**~ K93120**
USA:	**AISI / ASTM**	**18MAR300**	*England:*	**BS**	
Japan:	**JIS**		*Schweden:*	**SS**	
Frankreich:	**AFNOR**		*Russland:*	**GOST**	

Richtanalyse (in Masse-%):

	C	Si	Mn	P	S	Co	Cr	Mo	Ni	V	W	Sonstige
min.	-	-	-	-	-	8,50	-	4,50	17,00	-	-	Ti
max.	0,03	0,10	0,15	0,010	0,010	10,00	0,25	5,20	19,00	-	-	0,80-1,20

Physikalische Eigenschaften

Dichte ρ: 8,05 g/cm³
Spezifische Wärmekapazität c: 460 J/kg·K
Elastizitätsmodul E: 175 kN/mm²
Wärmeleitfähigkeit λ in W/m·K: *20 °C* **18,4**; *350 °C* **23,2**; *500 °C* **24,0**

Wärmeausdehnungskoeffizient α in 10^{-6}/K:

20 bis 100 °C	**10,7**
20 bis 200 °C	**11,2**
20 bis 300 °C	**11,5**
20 bis 400 °C	**11,5**
20 bis 500 °C	**11,9**

Thermische Behandlung:		***Abkühlung:***
Lösungsglühen	820 bis 840 °C	Abschrecken im Gasstrom
Auslagern	480 bis 550 °C	6 Std. Luft

Härte: 55 bis 57 HRC
(durch Auslagern erreichbar!)

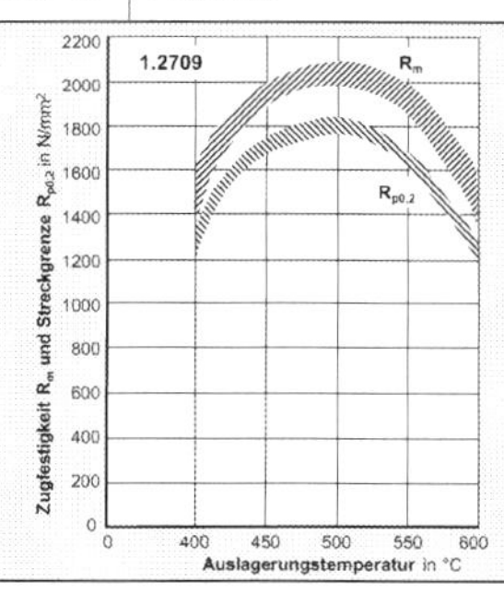

Anwendungen:

Geeignet für Werkzeuge, die bei mäßiger thermischer Belastung höchste Festigkeit und hohe Dehn- und Streckgrenzen erfordern, zäh und wenig kerbempfindlich sein sollen: Strangpressstempel zum Pressen von Stahl, Druckgießformen, Teilpressgesenke, Dorne zum Kaltwalzen von Rohren, Teile für Automotive, Luft- und Raumfahrt und Prototypenbau, auch als Pulver für additive Anwendungen

1.2714 (55NiCrMoV7)

Warmarbeitsstahl, niedrig legiert mit guter Zähigkeit und hoher Druckfestigkeit, gut öl- und lufthärtbar bei guter Durchhärtbarkeit (ähnlich: 1.2713 – 55NiCrMoV6)

Übliche Handelsnamen:

L6-Werkzeugstahl, W500 (Böhler), **Thermodur 2714** (DEW)

Äquivalente Normen und Bezeichnungen:

Deutschland:	**DIN EN ISO 4957**	**1.2713 (55NiCrMoV6)**	*UNS:*		**T61206**
USA:	**AISI / ASTM**	**L2 / L6**	*England:*	**BS**	
Japan:	**JIS**	**SKT4**	*Schweden:*	**SS**	
Frankreich:	**AFNOR**	**55NiCrMoV7**	*Russland:*	**GOST**	**5ChNM**

Richtanalyse (in Masse-%):

	C	Si	Mn	P	S	Co	Cr	Mo	Ni	V	W	Sonstige
min.	0,50	0,10	0,60	-	-	-	0,80	0,35	1,50	0,05	-	-
max.	0,60	0,40	0,90	0,030	0,030	-	1,20	0,55	1,80	0,15	-	-

Physikalische Eigenschaften

Dichte ρ: 7,85 g/cm³

Spezifische Wärmekapazität c: 470 J/kg·K

Elastizitätsmodul E: 175 kN/mm²

Wärmeleitfähigkeit λ in W/m·K: *20 °C* **36,0**; *350 °C* **38,0**; *700 °C* **35,0**

Wärmeausdehnungskoeffizient α in 10^{-6}/K:

20 bis 100 °C	**12,2**
20 bis 200 °C	**13,0**
20 bis 300 °C	**13,3**
20 bis 400 °C	**13,7**
20 bis 500 °C	**14,2**
20 bis 600 °C	**14,4**

Thermische Behandlung:		***Abkühlung:***
Weichglühen	660 bis 700 °C	Ofenabkühlung **Glühhärte ≤ 250 HB**
Spannungsarmglühen	630 bis 650 °C	2 bis 4 Std. Ofenabkühlung
Härten	830 bis 900 °C	Öl, Luft
Anlassen	gemäß Anlassschaubild!	

Härte nach Abschrecken: 56 bis 58 HRC

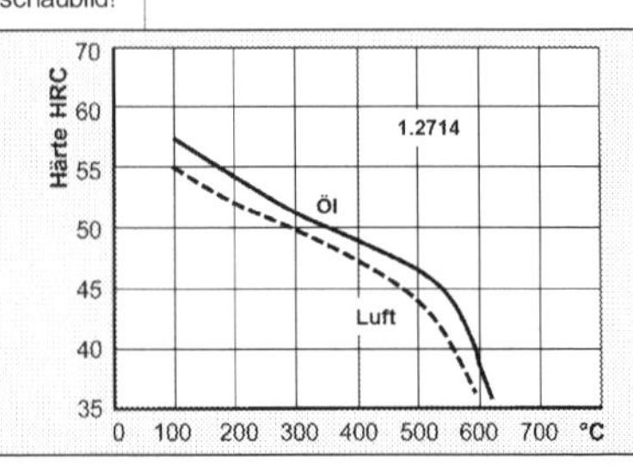

Anwendungen:

Gesenke aller Art bei Einbauhärten von 355 bis 410 HB8 sowie Backen, Einsätze, Stempel für Schraubenfertigung und ähnliche Werkzeuge, Schmiedesättel, Kunststoffpressformen, Walzen, Rollen, Warmscherenmesser

1.2740 (28NiCrMoV10)

Lufthärtender Sonderstahl für die Warmarbeit mit hoher Zähigkeit und Temperaturwechselbeständigkeit

Übliche Handelsnamen:

Thermodur 2740 (DEW)

Äquivalente Normen und Bezeichnungen:

Deutschland:	**DIN EN ISO 4957**	**1.2740 (28NiCrMoV10)**	*UNS:*	
USA:	**AISI / ASTM**		*England:*	**BS**
Japan:	**JIS**		*Schweden:*	**SS**
Frankreich:	**AFNOR**		*Russland:*	**GOST**

Richtanalyse (in Masse-%):

	C	Si	Mn	P	S	Co	Cr	Mo	Ni	V	W	Sonstige
min.	0,24	0,30	0,20	-	-	-	0,60	0,50	2,30	0,25	-	-
max.	0,32	0,50	0,40	0,030	0,030	-	0,90	0,70	2,60	0,32	-	-

Physikalische Eigenschaften

Dichte ρ: 7,85 g/cm³
Spezifische Wärmekapazität c: J/kg·K
Elastizitätsmodul E: kN/mm²
Wärmeleitfähigkeit λ in W/m·K:

Wärmeausdehnungskoeffizient α in 10^{-6}/K:
20 bis 100 °C
20 bis 200 °C
20 bis 300 °C
20 bis 400 °C
20 bis 500 °C
20 bis 600 °C

Thermische Behandlung:		***Abkühlung:***
Weichglühen	670 bis 700 °C	Ofenabkühlung **Glühhärte ≤ 240 HB**
Spannungsarmglühen		
Härten	840 bis 870 °C	Öl, Luft
Anlassen	gemäß Anlassschaubild!	

Härte nach Abschrecken: 49 HRC

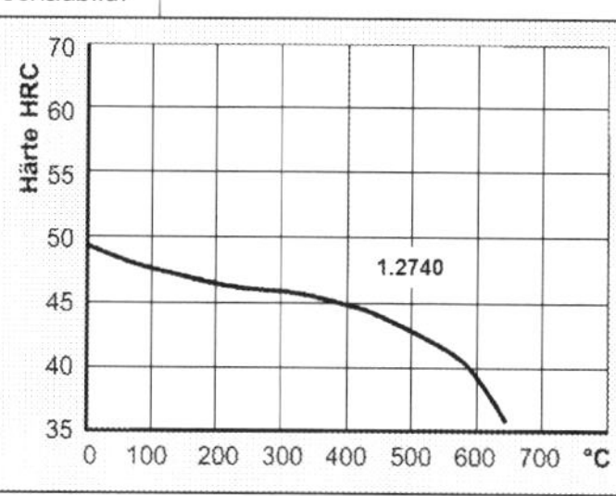

Anwendungen:

Spezialstahl für Dornstangen und Pilgerdorne

1.2766 (35NiCrMo16)

Werkzeugstahl für die Warmarbeit, gut härtbar, verzugsarm, mit hoher Zähigkeit, polierbar

Übliche Handelsnamen:

35NiCrMo16 oder: **X35NiCrMo4**

Äquivalente Normen und Bezeichnungen:

Deutschland:	DIN EN ISO 4957	1.2766 (35NiCrMo16)	*UNS:*	
USA:	AISI / ASTM		*England:*	BS
Japan:	JIS		*Schweden:*	SS
Frankreich:	AFNOR		*Russland:*	GOST

Richtanalyse (in Masse-%):

	C	Si	Mn	P	S	Co	Cr	Mo	Ni	V	W	Sonstige
min.	0,32	0,15	0,40	-	-	-	1,20	0,20	3,80	-	-	-
max.	0,38	0,30	0,60	0,035	0,035	-	1,50	0,40	4,30	-	-	-

Physikalische Eigenschaften

Dichte ρ: 7,85 g/cm³

Spezifische Wärmekapazität c: J/kg·K

Elastizitätsmodul E: kN/mm²

Wärmeleitfähigkeit λ in W/m·K:

20 °C	
250 °C	**42,2**
850 °C	**42,3**

Wärmeausdehnungskoeffizient α in 10^{-6}/K:

20 bis 100 °C	
20 bis 200 °C	
20 bis 250 °C	**24**
20 bis 400 °C	
20 bis 500 °C	
20 bis 600 °C	

Thermische Behandlung:		***Abkühlung:***
Weichglühen	620 bis 660 °C	Ofenabkühlung **Glühhärte ≤ 260 HB**
Spannungsarmglühen		
Härten	820 bis 850 °C	Öl, Luft
Anlassen	gemäß Anlassschaubild!	

Härte nach Abschrecken: 56 HRC

Arbeitshärte: 37 bis 49 HRC

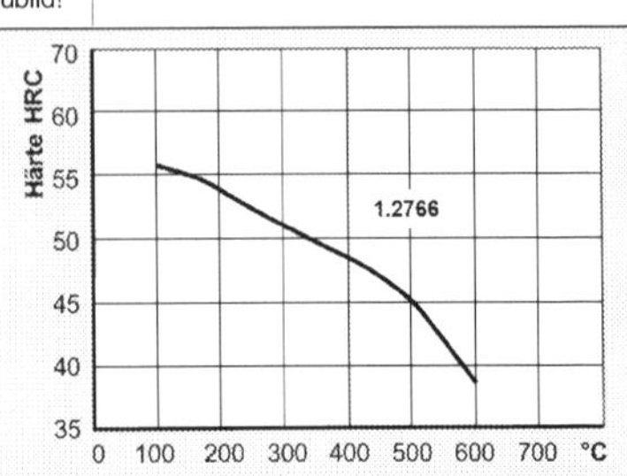

Anwendungen:

Hochbeanspruchte Press- und Schlaggesenke, Pressstempel, Stauchwerkzeuge, Warmwalzringe und Innenbüchsen für Metallstrangpressen

1.2767 (45NiCrMo16)

Durchhärterstahl (gut härtbar mit guter Durchhärtung), nickellegiert, mit höchster Zähigkeit, sehr hohe Druck- und Biegefestigkeit, Hochglanz polierbar (Wird auch als Kaltarbeitsstahl eingesetzt.)

Übliche Handelsnamen:

45NiCrMo16 oder: **X45NiCrMo4**

Äquivalente Normen und Bezeichnungen:

Deutschland:	**DIN EN ISO 4957**	**1.2767 (45NiCrMo16)**	*UNS:*	
USA:	**AISI / ASTM**	**~ 6F7**	*England:*	**BS**
Japan:	**JIS**		*Schweden:*	**SS**
Frankreich:	**AFNOR**	**45NCD16**	*Russland:*	**GOST**

Richtanalyse (in Masse-%):

	C	Si	Mn	P	S	Co	Cr	Mo	Ni	V	W	Sonstige
min.	0,40	0,10	0,20	-	-	-	1,20	0,15	3,80	-	-	-
max.	0,50	0,40	0,50	0,030	0,030	-	1,50	0,35	4,30	-	-	-

Physikalische Eigenschaften

Dichte ρ: 7,85 g/cm³
Spezifische Wärmekapazität c: 460 J/kg·K
Elastizitätsmodul E: 210 kN/mm²
Wärmeleitfähigkeit λ in W/m·K: *20 °C* **28**
100 °C **30**

Wärmeausdehnungskoeffizient α in 10^{-6}/K:
20 bis 100 °C
20 bis 200 °C
20 bis 250 °C
20 bis 400 °C
20 bis 500 °C
20 bis 600 °C

Thermische Behandlung:		***Abkühlung:***
Weichglühen	610 bis 650 °C	Ofenabkühlung **Glühhärte ≤ 260 HB**
Spannungsarmglühen	ca. 650 °C	Ofenabkühlung
Härten	840 bis 870 °C	Öl, Warmbad, Luft
Anlassen	gemäß Anlassschaubild!	

Härte nach Abschrecken: 53 bis 57 HRC

Arbeitshärte: 52 bis 55 HRC

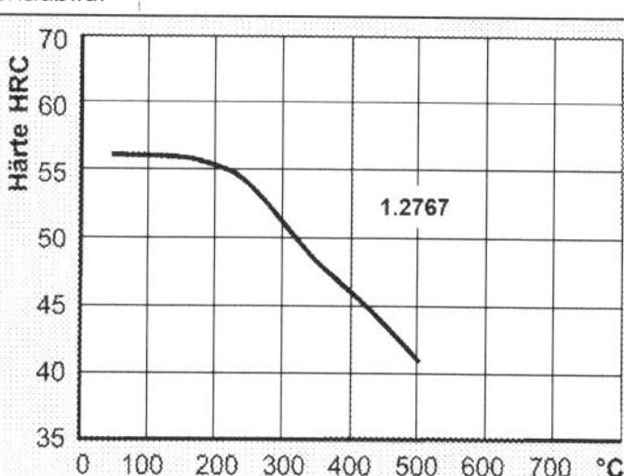

Anwendungen:

Kunststoffformen, Formplatten, Massivprägewerkzeuge, Formeinsätze für Spritzgießwerkzeuge, Präge-, Umform- und Biegewerkzeuge, Kalteinsenkwerkzeuge

1.2782 (Xx16CrNiSi25-20)

Austenitischer Warmarbeitsstahl, zunderbeständig an Luft bis 1150 °C, beständig gegen oxidierende Atmosphäre, ausgezeichnete Warmfestigkeit, gut kaltumformbar

Übliche Handelsnamen:

Thermodur 2782 (DEW), **TK 2782 ESU** (thyssenkrupp)

Äquivalente Normen und Bezeichnungen:

Deutschland:	DIN EN ISO 4957	1.2782 (X16CrNiSi25-20)	*UNS:*	
USA:	AISI / ASTM		*England:*	BS
Japan:	JIS		*Schweden:*	SS
Frankreich:	AFNOR		*Russland:*	GOST

Richtanalyse (in Masse-%):

	C	Si	Mn	P	S	Co	Cr	Mo	Ni	V	W	Sonstige
min.	-	1,80	-	-	-	-	24,00	-	19,00	-	-	-
max.	0,20	2,30	2,00	0,035	0,035	-	26,00	-	21,00	-	-	-

Physikalische Eigenschaften

Dichte ρ: 7,85 g/cm³
Spezifische Wärmekapazität c: J/kg·K
Elastizitätsmodul E: 190 - 210 kN/mm²
Wärmeleitfähigkeit λ in W/m·K: *20 °C* **13,0**; *500 °C* **19,0**

Wärmeausdehnungskoeffizient α in 10^{-6}/K:

20 bis 100 °C	
20 bis 200 °C	**16,5**
20 bis 250 °C	
20 bis 400 °C	**17,0**
20 bis 500 °C	
20 bis 600 °C	**17,5**

Thermische Behandlung:		***Abkühlung:***
Lösungsglühen	1000 bis 1100 °C	Luft oder Wasser
Auslagern		

Festigkeit nach Abschrecken: 495 bis 705 MPa

Anwendungen:
Werkzeuge für die Glasverarbeitung, z. B. Kappeln, Pfeifenköpfe, Pfeifenspindeln, Mundstücke, Anfangeisen

1.2787 (X23CrNi17)

Warmarbeitsstahl, vergütbar, korrosions- und zunderbeständig

Übliche Handelsnamen:

Thermodur 2787 (DEW), **N350** (Böhler)

Äquivalente Normen und Bezeichnungen:

Deutschland:	DIN EN ISO 4957	1.2787 (X23CrNi17)
USA:	AISI / ASTM	
Japan:	JIS	SUS431FB / SUS431
Frankreich:	AFNOR	Z15CN16-02

UNS:		
England:	BS	S80
Schweden:	SS	
Russland:	GOST	~ 20Ch17N2

Richtanalyse (in Masse-%):

	C	Si	Mn	P	S	Co	Cr	Mo	Ni	V	W	Sonstige
min.	0,10	-	-	-	-	-	15,50	-	1,00	-	-	-
max.	0,25	1,00	1,00	0,035	0,035	-	18,00	-	2,50	-	-	-

Physikalische Eigenschaften

Dichte ρ: 7,70 g/cm³
Spezifische Wärmekapazität c: 460 J/kg·K
Elastizitätsmodul E: 215 kN/mm²
Wärmeleitfähigkeit λ in W/m·K: *20 °C* **25**

Wärmeausdehnungskoeffizient α in 10^{-6}/K:

20 bis 100 °C	**10,0**
20 bis 200 °C	**10,5**
20 bis 300 °C	**11,0**
20 bis 400 °C	**11,0**
20 bis 500 °C	**11,0**

Thermische Behandlung:		***Abkühlung:***
Weichglühen	710 bis 750 °C	Ofenabkühlung **Glühhärte ≤ 245 HB**
Spannungsarmglühen	ca. 650 °C	Ofenabkühlung
Härten	990 bis 1020 °C	Öl oder Warmbad, 200 °C
Anlassen	gemäß Anlassschaubild!	

Härte nach Abschrecken: 47 HRC

Arbeitshärte: 38 bis 45 HRC

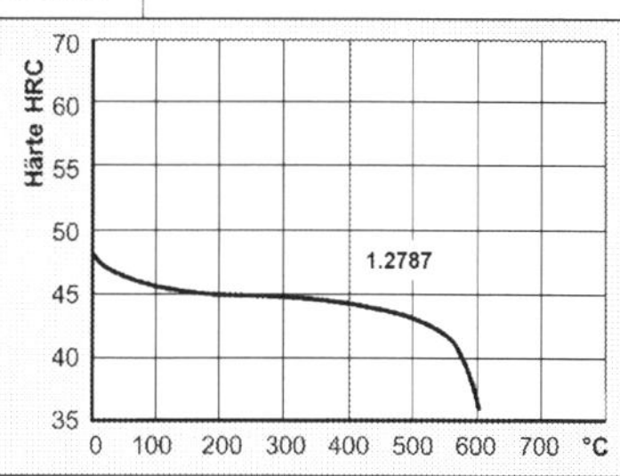

Anwendungen:

Werkzeuge für die Glasverarbeitung

1.2885 (X32CrMoCoV3-3-3)

Warmarbeitsstahl mit Kobaltgehalt, besitzt gute Warmfestigkeit, gute Anlassbeständigkeit und gute Warmverschleißfestigkeit, mit guter Wärmeleitfähigkeit verträgt er harte Wasserkühlung

Übliche Handelsnamen:

LO-W 2885 (Lohmann)

Äquivalente Normen und Bezeichnungen:

Deutschland:	**DIN EN ISO 4957**	**1.2885 (X23CrMoCoV3-3-3)**	*UNS:*	
USA:	**AISI / ASTM**	**H10A**	*England:*	**BS**
Japan:	**JIS**		*Schweden:*	**SS**
Frankreich:	**AFNOR**		*Russland:*	**GOST**

Richtanalyse (in Masse-%):

	C	Si	Mn	P	S	Co	Cr	Mo	Ni	V	W	Sonstige
min.	0,28	0,10	0,15	-	-	2,50	2,70	2,60	-	0,40	-	-
max.	0,35	0,40	0,45	0,030	0,030	3,00	3,20	3,00	-	0,70	-	-

Physikalische Eigenschaften

Dichte ρ: 7,88 g/cm³

Spezifische Wärmekapazität c: J/kg·K

Elastizitätsmodul E: kN/mm²

Wärmeleitfähigkeit λ in W/m·K: *20 °C* **27,3**

Wärmeausdehnungskoeffizient α in 10^{-6}/K:

20 bis 100 °C	**10,5**
20 bis 200 °C	**11,3**
20 bis 300 °C	**11,8**
20 bis 400 °C	**12,3**
20 bis 500 °C	**12,5**
20 bis 600 °C	**12,8**

Thermische Behandlung:		***Abkühlung:***
Weichglühen	760 bis 840 °C	Ofenabkühlung (< 550 °C) **Glühhärte ≤ 230 HB**
Spannungsarmglühen		
Härten	1000 bis 1050 °C	Öl, Gas, Warmbad (550 °C)
Anlassen	gemäß Anlassschaubild!	

Härte nach Abschrecken: 52 HRC

Arbeitshärte: 46 bis 50 HRC

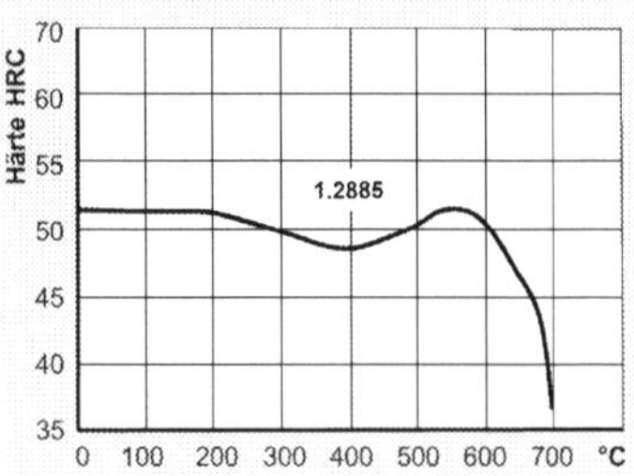

Anwendungen:

Werkzeuge zum Druckgießen, Warmpressen, Strangpressen und Stranggießen hauptsächlich für Schwermetalle, Lochdorne

1.2888 (X20CoCrWMo10-9)

Hochlegierter Warmarbeitsstahl mit besonderer Beständigkeit gegen Hochtemperaturverschleiß, besitzt extrem hohe Anlassbeständigkeit und Warmfestigkeit gegenüber Metallschmelzen

Übliche Handelsnamen:

LO-W 2888 (Lohmann)

Äquivalente Normen und Bezeichnungen:

Deutschland:	**DIN EN ISO 4957**	**1.2888 (X20CoCrWMo10-9)**	*UNS:*	
USA:	**AISI / ASTM**		*England:*	**BS**
Japan:	**JIS**		*Schweden:*	**SS**
Frankreich:	**AFNOR**		*Russland:*	**GOST**

Richtanalyse (in Masse-%):

	C	Si	Mn	P	S	Co	Cr	Mo	Ni	V	W	Sonstige
min.	0,17	0,15	0,40	-	-	9,50	9,00	1,80	-	-	5,00	-
max.	0,23	0,35	0,60	0,035	0,035	10,50	10,00	2,20	-	-	6,00	-

Physikalische Eigenschaften

Dichte ρ: 8,08 g/cm³

Spezifische Wärmekapazität c: J/kg·K

Elastizitätsmodul E: 215 kN/mm²

Wärmeleitfähigkeit λ in W/m·K: *20 °C* **15,9**

Wärmeausdehnungskoeffizient α in 10^{-6}/K:
20 bis 100 °C
20 bis 200 °C
20 bis 300 °C
20 bis 400 °C
20 bis 500 °C
20 bis 600 °C

Thermische Behandlung:		***Abkühlung:***
Weichglühen	760 bis 880 °C	Ofenabkühlung (< 550 °C) **Glühhärte ≤ 340 HB**
Spannungsarmglühen	600 bis 650 °C	Luftabkühlung
Härten	1100 bis 1160 °C	Öl, Gas, Warmbad (550 °C)
Anlassen	gemäß Anlassschaubild!	

Härte nach Abschrecken: 52 HRC

Arbeitshärte: 42 bis 54 HRC

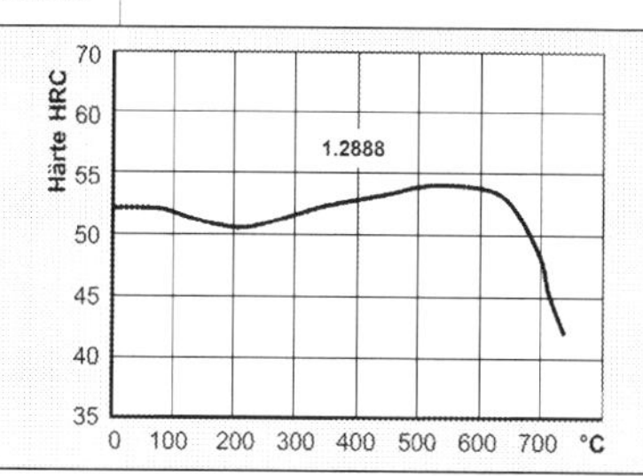

Anwendungen:

Extrusionswerkzeuge für Kupfer, Kupferlegierungen und Stahl, Matrizen, Druckgusswerkzeuge aller Art für Messing, Kammern für Magnesiumdruckguss

Was Sie aus diesem essential mitnehmen können

- Interessantes aus der Entstehungsgeschichte der Warmarbeitsstähle im Kontext mit der Entwicklung der Fertigungstechnik
- Erläuterungen zu den in der Praxis genutzten Warmarbeitsstählen, strukturiert nach Sorten, chemischen Zusammensetzungen, Gefügen und Eigenschaften
- Kurzbeschreibung der Herstellung, Wärme- und Oberflächenbehandlungen
- Hinweise zu Anwendungen von Warmarbeitsstählen
- Überblick zu Werkstoffdaten für ausgewählte Warmarbeitsstähle

J. Schlegel und T. Schneiders, *Warmarbeitsstahl*, essentials,
https://doi.org/10.1007/978-3-658-39541-4

Literatur

Bauer, G. et al. (2000). Vanadium and vanadium compounds. In *ULLMANN'S Encyclopedia of Industrial Chemistry*. Wiley-VCH.

Bayer, E., & Seilstorfer, H. (1984). Pulvermetallurgisch durch heißisostatisches Pressen hergestellter Warmarbeitsstahl X40CrMoV5–1. *Archiv für das Eisenhüttenwesen, 55*(4), 169–176.

Becker, H.-J., & Kiel, F. (1983). Schadensfälle bei Werkzeugen, Ermittlung der Ursachen und Hinweise zu ihrer Vermeidung. *Thyssen Edelstahl Technische Berichte, 9*(2), 171–187.

Berns, H. (1993). *Stahlkunde für Ingenieure* (2. Aufl.). Springer.

Berns, H. (2004). Beispiele zur Schädigung von Warmarbeitswerkzeugen. *Härterei Technische Mitteilungen, 59*(6), 379–387.

Bockholt, D. (2002). *Charakterisierung des Eigenschaftsprofils eines neuen pulvermetallurgisch hergestellten Warmarbeitsstahles im Vergleich zu herkömmlichen Standardwarmarbeitsstählen.* Diplomarbeit.

Burghardt, H., & Neuhof, G. (1982). *Stahlerzeugung.* VEB Deutscher Verlag für Grundstoffindustrie.

Ehrhardt, R. (2008). Warmarbeitsstähle – Hochwertige Edelstähle von Deutsche Edelstahlwerke. *DEW-Sales Trainings, 24*(09), 2008.

Ernst, Cl. (2009). 150 Jahre Werkzeugstahl: Ein Werkstoff mit Zukunft. Prozess- und legierungstechnische Entwicklung bei der (Werkzeug)Stahlerzeugung. *Zeitschrift Ferrum: Nachrichten aus der Eisenbibliothek, Stiftung der Georg Fischer AG, 81,* 66–76.

Gottstein, G. (2014). *Materialwissenschaft und Werkstofftechnik – Physikalische Grundlagen* (4. Aufl.). Springer Vieweg.

Grinder, O. (1999). *PM HSS and tool steels – Present state of the art and development trends.* In F. Jeglitsch, R. Ebner, & H. Leitner (Hrsg.), Proceedings of the 5th International Tooling Conference: *Tool Steels in the Next Century*, Leoben, Österreich (S. 39–47).

Gümpel, P. (1983). Untersuchungen über Primärkarbide in Warmarbeitsstählen. *Thyssen Edelstahl Technische Berichte, 9*(2), 121–123.

Gümpel, P., & Hoock, M. (1984). Carbidausscheidungen in Warmarbeitsstählen. *Archiv für das Eisenhüttenwesen, 55*(10), 493–498.

https://de.wikipedia.org/wiki/Anlassen. Zugegriffen: 4. Juni 2022.

https://de.wikipedia.org/wiki/Glühen. Zugegriffen: 4. Juni 2022.

https://de.wikipedia.org/wiki/Härten_(Eisenwerkstoff). Zugegriffen: 3. Juni 2022.

J. Schlegel und T. Schneiders, *Warmarbeitsstahl*, essentials,
https://doi.org/10.1007/978-3-658-39541-4

https://de.wikipedia.org/wiki/Eisenzeit. Zugegriffen: 1. Juni 2022.

https://de.wikipedia.org./wiki/Druckguss. Zugegriffen: 9. Juni 2022.

Huemer, K., Wolf, G., Sormann, A., et al. (2005). Auswirkungen einer Kalziumbehandlung auf die Entstehung und Zusammensetzung von nichtmetallischen Einschlüssen bei der Erzeugung von aluminiumberuhigten Stählen für Langprodukte. *BHM Berg- und Hüttenmännische Monatshefte, 150,* 237–242.

IHT. (2022). *Tiefkühlen.* Technische Information – Industrieverband Härtetechnik e. V.

Issler, L., Ruoß, H., & Häfele, P. (2003). *Festigkeitslehre – Grundlagen.* Springer.

Johannsen, O. (1953). *Geschichte des Eisens* (3. Aufl.). Verlag Stahleisen.

Jung, I. (2003). Neue Hochleistungsstähle – Neue Trends, Herstellverfahren, Eigenschaften und Anwendungen für den Werkzeugbau. *Stahl, 5*(6), 41–43.

Karagöz, S., & Andrén, H.-O. (1992). Secondary hardening in high-speed steels. *Zeitschrift für Metallkunde, 83*(6), 386–394.

König, F. & W. Klocke (2006). *Fertigungsverfahren 4 – Umformen* (5. Aufl.). Springer.

Kulmburg, A. (1998). Das Gefüge der Werkzeugstähle – Ein Überblick für den Praktiker. Teil 1: Einteilung, Systematik und Wärmebehandlung der Werkzeugstähle. *Praktische Metallographie, 35*(4), 180–202.

Kulmburg, A., Schindler, A., Fauland, H. P., & Hackl, G. (1994). Der Einfluß der Herstellbedingungen auf die Zähigkeit von Werkzeugstählen. *Härterei Technische Mitteilungen, 49*(1), 31–39.

Langehenke, H. (2007). *Werkstoff-Kurznamen und Werkstoff-Nummern für Eisenwerkstoffe: DIN-Normenheft 3 DIN-Normen und Werkstoffblätter Querverweislisten.* Taschenbuch, Beuth.

Liedtke, D. (2005). *Wärmebehandlung von Stahl – Härten, Anlassen, Vergüten, Bainitisieren.* Wirtschaftsvereinigung Stahl, Merkblatt 450 (Ausgabe 2005).

Macherauch, E. & Zoch, H. W. (2011). *Reibung und Verschleiß.* In Praktikum in Werkstoffkunde. Vieweg+Teubner. https://link.springer.com/book/10.1007/978-3-658-25374-5.

Meyer, W., Hochörtler, J., & Kucharz, A. (1995). Entwicklung auf dem Gebiet der Schmelz- und Sekundärmetallurgie zur Eigenschaftsverbesserung spezieller Stahlqualitäten. *BHM Berg- und Hüttenmännische Monatshefte, 140,* 4–14.

N.N. (1994). Modern methods for the manufacture of tool steels. *Steel Times, 1994,* 359–360.

N.N. (2018). *Warmarbeitsstahl.* Fachinformation Voestalpine Böhler Edelstahl GmbH & Co KG (BW015DE – 05.2018).

Persson, A. et al. (2002). *Influence of surface engineering on the performance of tool steels for die casting.* In J. Bergström, G. Frederiksson, M. Johansson, O. Kotik, & F. Thuvander (Hrsg.), *The use of tool steels: Experience and research.* Proceedings of the 6th International Tooling Conference, Karlstad, Schweden (Band 2, S. 841–854).

Schlegel, J. (2021). *Die Welt des Stahls.* Springer.

Schneiders, T. (2005). *Neue pulvermetallurgische Werkzeugstähle.* Dissertation an der Fakultät für Maschinenbau der Ruhr-Universität Bochum.

Schruff, I. (1989). Zusammenstellung der Eigenschaften und Werkstoffkenngrößen der Warmarbeitsstähle X38CrMoV5-1 (Thyrotherm 2343), X40CrMoV5-1 (Thyrotherm 2344), X32CrMoV3-3 (Thyrotherm 2365) und X38CrMoV5-3 (Thyrotherm 2367). *Thyssen Edelstahl Technische Berichte, 15*(2), 70–81.

Schruff, I. (2002). *Zusatzstudium Stahl: Technologie der Werkzeugstähle.* Edelstahl Witten-Krefeld GmbH (IS 003 2002).

Schruff, I. I. et al. (2003). Formen und Werkzeuge für hohe Standzeiten. *Stahl und eisen, 123*(4), 75–80.

Skolaut, W. (Hrsg.). (2018). *Maschinenbau.* Fachbuch (2. Aktualisierte Aufl.). Springer Vieweg.

Spur, G. (1991). *Vom Wandel der industriellen Welt durch Werkzeugmaschinen.* Carl Hanser Verlag.

Trenkler, H. & W. Kreiger (1988). *Gmelin–Durrer: Metallurgy of iron.* (Practice of Steelmaking, Band 9, 4 Aufl.). Springer.

Trent, E. M., & Wright, P. K. (2000). *Metal cutting* (4. Aufl.). Butterworth-Heinemann.

Wegst, C., & Wegst, M. (2019). *Stahlschlüssel-Taschenbuch.* Stahlschlüssel Wegst GmbH.

Weißbach, W. (2012). *Werkstoffkunde: Strukturen, Eigenschaften, Prüfung* (18. Aufl.). Vieweg + Teubner.

Wendl, F. (1985). *Einfluss der Fertigung auf Gefüge und Zähigkeit von Warmarbeitsstählen mit 5 % Chrom,* Fortschr.-Ber. VDI Reihe 5, Nr. 91, VDI-Verlag, Düsseldorf. Dissertation, Institut für Werkstoffe, Ruhr-Universität Bochum.

Weißbach, W. (2007). *Werkstoffkunde: Strukturen, Eigenschaften, Prüfung* (16. überarbeitete Aufl.). Friedr. Vieweg & Sohn Verlag GWV Fachverlage GmbH.

Wilmes, S. (1990). *Pulvermetallurgische Werkzeugstähle – Herstellung, Eigenschaften und Anwendung.* Stahl und Eisen 1.

Printed in the United States
by Baker & Taylor Publisher Services